U0087675

鸚鵡螺
數學叢書
阿草的
圓錐曲線
曹亮吉 著
蔡聰明 審訂
朱惠文 校訂
三民書局
Sonne
Merkur
Venus
Erde
Mars
Eros
D'Arrest
De Vico's Komet
1892 III Holmes
Finley
1889 V (Brooks)
1892 V (Barnard)
Wolf's Komet
Tempel-Swift
1889 VI (Swift)
1890 VII (Spitaler)
Enke's Komet
Faye's Komet
Biela's Komet
Schütze
Wassermann
Uranus
Saturn mit dem Ringe
Jupiter

國家圖書館出版品預行編目資料

阿草的圓錐曲線／曹亮吉著.－－初版三刷.－－臺北市：三民，2022
面；　公分.－－（鸚鵡螺數學叢書）

ISBN 978-957-14-6121-2（平裝）
1. 幾何

316　　105000789

鸚鵡螺數學叢書

阿草的圓錐曲線

作　　者｜曹亮吉
總 策 劃｜蔡聰明
審　　訂｜蔡聰明
校　　訂｜朱惠文

發 行 人｜劉振強
出 版 者｜三民書局股份有限公司
地　　址｜臺北市復興北路 386 號 (復北門市)
　　　　　臺北市重慶南路一段 61 號 (重南門市)
電　　話｜(02)25006600
網　　址｜三民網路書店 https://www.sanmin.com.tw

出版日期｜初版一刷 2016 年 2 月
　　　　　初版三刷 2022 年 4 月
書籍編號｜S314950
I S B N｜978-957-14-6121-2

著作權所有，侵害必究
※ 本書如有缺頁、破損或裝訂錯誤，請寄回敝局更換。

三民書局

《鸚鵡螺數學叢書》總序

本叢書是在三民書局董事長劉振強先生的授意下，由我主編，負責策劃、邀稿與審訂。誠摯邀請關心臺灣數學教育的寫作高手，加入行列，共襄盛舉。希望把它發展成為具有公信力、有魅力並且有口碑的數學叢書，叫做「鸚鵡螺數學叢書」。願為臺灣的數學教育略盡棉薄之力。

I 論題與題材

舉凡中小學的數學專題論述、教材與教法、數學科普、數學史、漢譯國外暢銷的數學普及書、數學小說，還有大學的數學論題：數學通識課的教材、微積分、線性代數、初等機率論、初等統計學、數學在物理學與生物學上的應用等等，皆在歡迎之列。在劉先生全力支持下，相信工作必然愉快並且富有意義。

我們深切體認到，數學知識累積了數千年，內容多樣且豐富，浩瀚如汪洋大海，數學通人已難尋覓，一般人更難以親近數學。因此每一代的人都必須從中選擇優秀的題材，重新書寫：注入新觀點、新意義、新連結。**從舊典籍中發現新思潮，讓知識和智慧與時俱進，給數學賦予新生命**。本叢書希望聚焦於當今臺灣的數學教育所產生的問題與困局，以幫助年輕學子的學習與教師的教學。

從中小學到大學的數學課程，被選擇來當教育的題材，幾乎都是很古老的數學。但是數學萬古常新，沒有新或舊的問題，只有寫得好或壞的問題。兩千多年前，古希臘所證得的畢氏定理，在今日多元的光照下只會更加輝煌、更寬廣與精深。自從古希臘的成功商人、第一位哲學家兼數學家泰利斯 (Thales) 首度提出兩個石破天驚的宣言：**數學要有證明**，以及**要用自然的原因來解釋自然現象**（拋棄神話觀與超自然的原因）。從此，開啟了西方理性文明的發展，因而產生**數學**、**科學**、**哲學**與**民主**，幫忙人類從農業時代走到工業時代，以至今日的電腦資訊文明。這是人類從野蠻蒙昧走向文明開化的歷史。

古希臘的數學結晶於歐幾里德 13 冊的《原本》(The Elements)，包括平面幾何、數論與立體幾何，加上阿波羅紐斯 (Apollonius) 8 冊的《圓錐曲線論》，再加上阿基米德求面積、體積的偉大想法與巧妙計算，使得它幾乎悄悄地來到微積分的大門口。這些內容仍然是今日中學的數學題材。我們希望能夠學到大師的數學，也學到他們的高明觀點與思考方法。

目前中學的數學內容，除了上述題材之外，還有代數、解析幾何、向量幾何、排列與組合、最初步的機率與統計。對於這些題材，我們希望在本叢書都會有人寫專書來論述。

II 讀者對象

本叢書要提供豐富的、有趣的且有見解的數學好書，給小學生、中學生到大學生以及中學數學教師研讀。我們會把每一本書適用的讀者群，定位清楚。一般社會大眾也可以衡量自己的程度，選擇合適的書來閱讀。我們深信，**閱讀好書是提升與改變自己的絕佳方法**。

教科書有其客觀條件的侷限，不易寫得好，所以要有其他的數學讀物來補足。本叢書希望在寫作的自由度幾乎沒有限制之下，寫出各種層次的好書，讓想要進入數學的學子有好的道路可走。看看歐美日各國，無不有豐富的普通數學讀物可供選擇。這也是本叢書構想的發端之一。

學習的精華要義就是，**儘早學會自己獨立學習與思考的能力**。當這個能力建立後，學習才算是上軌道，步入坦途。可以隨時學習、終身學習，達到「真積力久則入」的境界。

我們要指出：學習數學沒有捷徑，必須要花時間與精力，用大腦思考才會有所斬獲。不勞而獲的事情，在數學中不曾發生。找一本好書，靜下心來研讀與思考，才是學習數學最平實的方法。

III 鸚鵡螺的意象

本叢書採用鸚鵡螺 (Nautilus) 貝殼的剖面所呈現出來的奇妙**螺線** (spiral) 為標誌 (logo)，這是基於數學史上我喜愛的一個數學典故，也是我對本叢書的期許。

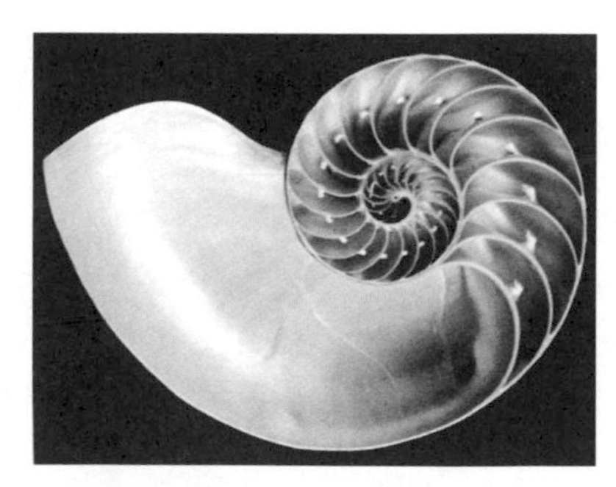
鸚鵡螺貝殼的剖面

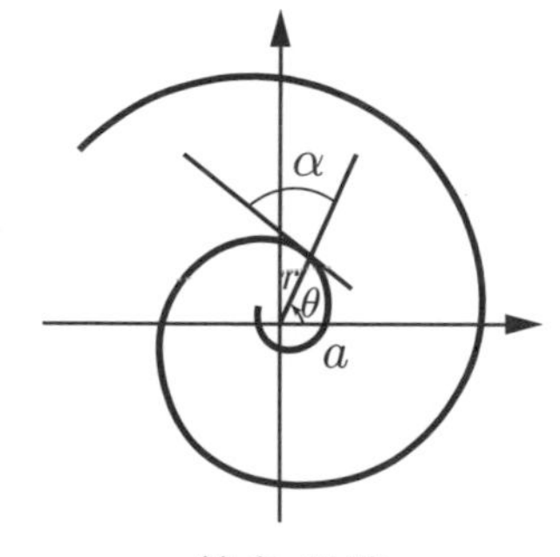

等角螺線

鸚鵡螺貝殼的螺線相當迷人，它是等角的，即向徑與螺線的交角 α 恆為不變的常數 ($\alpha \neq 0°, 90°$)，從而可以求出它的極坐標方程式為 $r = ae^{\theta\cot\alpha}$，所以它叫做**指數螺線**或**等角螺線**，也叫做**對數螺線**，因為取對數之後就變成阿基米德螺線。這條曲線具有許多美妙的數學性質，例如自我形似 (self-similar)、生物成長的模式、飛蛾撲火的路徑、黃金分割以及費氏數列 (Fibonacci sequence) 等等都具有密切的關係，結合著數與形、代數與幾何、藝術與美學、建築與音樂，讓瑞士數學家白努利 (Bernoulli) 著迷，要求把它刻在他的墓碑上，並且刻上一句拉丁文：

Eadem Mutata Resurgo

此句的英譯為：

Though changed, I arise again the same.

意指「**雖然變化多端，但是我仍舊照樣升起**」。這蘊含有「**變化中的不變**」之意，象徵規律、真與美。

鸚鵡螺來自海洋，海浪永不止息地拍打著海岸，啟示著恆心與毅力之重要。最後，期盼本叢書如鸚鵡螺之「**歷劫不變**」，在變化中照樣升起，帶給你啟發的時光。

蔡聰明

2012 歲末

自序

所謂圓錐曲線包括了拋物線、橢圓及雙曲線，它們都可由平面與圓錐以一適當的角度相截而得，所以通稱為圓錐截痕 (conic sections)。

圓錐截痕最早由古希臘人開始研究，歐幾里德曾寫過四大冊的圓錐截痕，可惜原著已經遺失。不過歐幾里德後不久的阿波羅尼亞斯（Apollonius，約西元前 262～190 年；本書簡稱其為阿波氏），參考了他的著作，並發展了許多自己的想法，得到很多研究的成果，寫成了《圓錐截痕》八大冊。

歐幾里德的《原本》是古希臘數學的代表作，阿波氏的《圓錐截痕》是古希臘高等幾何學的傑作；阿波氏因而有「偉大幾何學家」的稱號。

《圓錐截痕》是純粹的數學研究，幾乎找不到因應需要而有的研究動機。直到 1800 多年後，的十七世紀初，天文學家克卜勒（Kepler，1571～1630 年）得到他的行星三大運動定律，圓錐截痕才因這麼有用而重新受到重視。

也大約在這個時候，伽利略（Galileo Galilei，1564～1643 年）研究拋物運動，而知道拋物運動的軌跡為拋物線。

十七世紀下半的牛頓（I. Newton，1642～1727 年）更提出了萬有引力的想法，並證明受到引力的影響，行星繞行太陽的軌道為橢圓；彗星的軌道可以是橢圓也可以是雙曲線或拋物線。其實，一個天體繞著相對大得多的另一天體的運動軌跡，就是一圓錐截痕。

十七世紀數學的一重要發展是引進了坐標，以兩坐標間的代數（包括級數）關係，來處理曲線。傳統的，需要以幾何方法來處理的圓錐截痕，也很快代數化，於是圓錐截痕又叫做圓錐曲線。而這些曲線的兩變數之間的關係是二次的，所以又叫做二次曲線。

有了坐標及代數方法，圓錐截痕許多很難處理的定理就變得相對的簡單。牛頓雖然有辦法用古典的幾何方法，處理引力與行星軌道的關係；不過有了坐標，就容易發展解析方法（微積分），兩者之間的關係就比較容易處理。（牛頓研究引力與軌道的關係時，使用他自己發展的微積分，但寫書時，則用傳統的幾何方法，因為當時大家都還不太懂微積分。）

無論用代數或幾何方法，三類圓錐截痕（曲線）似乎有類似的性質（同為圓錐的截痕、二次的曲線），但也有非得分別處理的性質（橢圓及雙曲線有對稱中心、兩條對稱軸、兩個焦點，而拋物線沒有對稱中心，只有一條對稱軸、一個焦點）。十九世紀射影幾何的發展，則把這三種曲線統一在射影的觀點之下。

我們的學生在國中時學平面幾何，到高中時學圓錐曲線。前者採用（綜合）幾何的方法，後者則採用坐標幾何的方法，因此前者很有幾何的味道，後者則幾何的味道淡得多，甚至沒有。

其實，古代的圓錐截痕，需要以平面幾何為基礎，更需要有立體幾何的能耐，幾何味道滿點。本書的一個重點，就是要呈現圓錐截痕的這些精華。另外，用了坐標，圓錐截痕變成了圓錐曲線。有了坐標，圓錐曲線更可深入研究，其與行星運動之間的關係才能確立。高中的圓錐曲線其實只是淺嚐即口，本書的另一個重點，就是用坐標的方法，深入探討圓錐曲線。

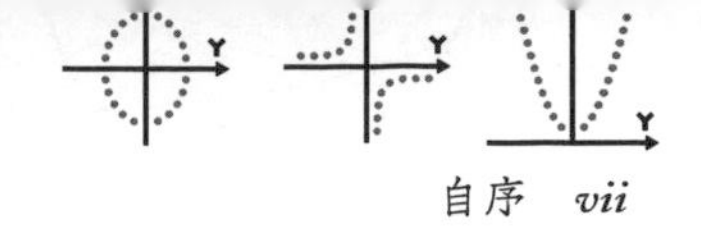

最後，我們把重點放在圓錐曲線的射影性質，使我們了解到橢圓、雙曲線、拋物線有非常密切的關係。

非以數學為專業，但對高中幾何有興趣，想再進一步涉獵者，是本書設定的對象。我們放棄用坐標方法來探討射影幾何，它雖然比較定量，但較屬於技術層次。關於射影幾何，我們只介紹綜合幾何的方法，以便得到定性的認識。

平面幾何的素材只是簡單的直線與圓，但衍生的內容，已經足夠讓人稱奇。稍微複雜的圓錐曲線，更有曲折的歷史背景，以及豐碩的內涵。如此數學的、甚至是文化的瑰寶，應讓大家有機會欣賞享受。希望本書能有些貢獻。

曹亮吉

臺北 2015 年 12 月

阿草的圓錐曲線

CONTENTS

《鸚鵡螺數學叢書》總序 i

自序 v

第一篇　背景 1

1.1　古希臘數學史 2

1.2　幾何方法 4

1.3　重要性質 11

第二篇　截痕 21

2.1　直圓錐直角截痕 22

2.2　斜圓錐截痕 28

2.3　點焦連線 32

2.4　冰淇淋筒定理 37

第三篇　重現 41

3.1　克卜勒行星運動 42

3.2　坐標幾何興起 44

3.3　牛頓萬有引力 47

第四篇　坐標 51
4.1　坐標幾何大要 52
4.2　二次曲線 58
4.3　參數化 65
4.4　極坐標 76

第五篇　射影 85
5.1　從投影到射影 86
5.2　交比 95
5.3　對偶原理 107
5.4　點錐線與線錐線 110

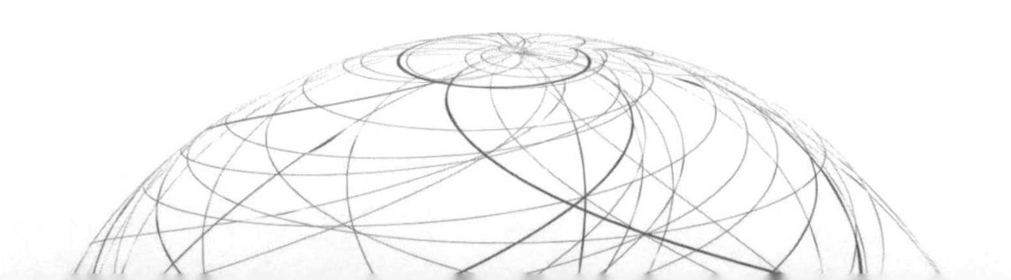

第一篇　背景

本篇的主旨，就是要讓讀者有足夠的背景，能夠順利往後推進。我們的主題是圓錐曲線，高中時學過一點點。我們要喚起讀者那一點點的印象（1.3 節）。但古希臘完全用幾何方法處理圓錐截痕，我們必須了解何謂幾何方法（1.2 節），以及孕育幾何方法的希臘數學發展史（1.1 節）。

1.1 古希臘數學史

要了解圓錐截痕的研究，必須懂得一些古希臘數學的發展歷史，而數學的發展又往往脫離不了時代的背景。

希臘移民史

大約在西元前 1200 年，有一支稱為多利安 (Dorian) 的希臘人，從北方的山地，遷到南方較為肥沃的希臘半島來定居，其中主要的部族斯巴達，建立了政治中心斯巴達城。原來住在那裡的希臘人，就遷逃到愛琴海中的愛奧尼亞群島，或者小亞細亞（今土耳其）的愛琴海岸或地中海岸。

幾何學的開始

就在這些新的希臘殖民地上，於西元前 600 年左右，產生了愛奧尼亞學派，出身於愛琴海岸 Miletus 的泰利斯（Thales，約西元前 600 年），開始了演繹式的幾何學。

畢氏及埃利亞學派

半世紀後，強大的波斯帝國開始進犯到了愛琴海及地中海，因此許多學者就移住到義大利南部，最有名的要算在 Crotona 定居的畢達哥拉斯（Pythagoras，約西元前 540 年），及在埃利亞 (Elea) 定居的齊諾（Zeno，約西元前 540 年），他們各自成立了畢氏及埃利亞學派。

柏拉圖學院

到了西元前五世紀的上半葉，以雅典為首的希臘人聯軍，終於打敗了波斯帝國的入侵軍隊。雅典成了新的政治及學術中心；雖然半世紀後，斯巴達打敗了雅典，但雅典仍維持其學術地位，

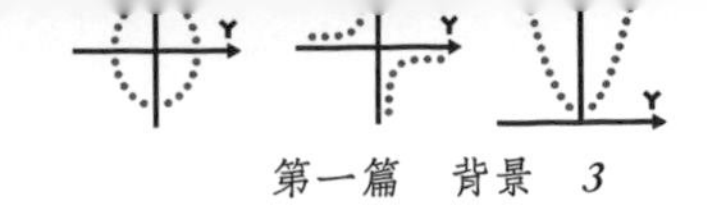

尤其是西元前四世紀的柏拉圖學院，更成為數學發展的中心。在學院的門楣上寫著有一句名言：「不懂幾何者不得進入此門。」由此可見，幾何是古希臘的顯學。學院的數學家包括：提出比例論，用幾何方法解決希臘數學危機的尤多緒思（Eudoxus，約西元前370年），以及開展圓錐截痕這門高等幾何學的梅涅默思（Menaechmus，約西元前350年；本書簡稱其為梅氏）。

亞歷山卓

西元前338年開始，來自北方的馬其頓王國，打敗了雅典，兩年後馬其頓的亞歷山大繼任為國王，不但征服了全希臘，而且舉兵東進，征服波斯帝國全境，甚至兵臨印度河的上游。

亞歷山大死後（西元前323年），他的龐大帝國一分為三，埃及部分落入大將軍托勒密（註1）手中。他在尼羅河口建立了亞歷山卓城（紀念亞歷山大），城內有圖書館和學院，並請各地著名的學者來講學，亞歷山卓成為新的希臘學術中心。

數學家輩出

亞歷山卓的數學家輩出，著名的包括：歐幾里德（約西元前300年）、阿基米德（西元前287～前212年）、阿波氏、希巴克斯（Hipparchus，約西元前140年）、孟尼勞斯（Menelaus，約西元100年）、托勒密（Claudius Ptolemy，約西元85～165年）（同註1）等人。

這些數學家不但總結了前人的研究，譬如歐幾里德的《原本》、阿波氏的《圓錐截痕》等，而且開創了新局，如阿基米德的圓周率、積分初步、靜力學；希巴克斯、孟尼勞斯、托勒密的天文學及三角學等。

盛衰演變

亞歷山卓的數學，從西元前 300 年的歐幾里德到西元 150 年左右的托勒密盛極一時，是數學史上的重要時代。托勒密之後，亞歷山卓的學術漸衰（掌握政治實權的羅馬人並不重視學術），只偶而出現有點分量的數學家，如丟番圖 （Diophantus，約西元 250 年）、帕普斯（Pappus，約西元 300 年）（註 2）等人。

西元 641 年，阿拉伯人攻陷了亞歷山卓，燒掉了圖書館，希臘化亞歷山卓學派的數學時代正式結束。

在此漫長的古希臘數學史中，數學活動似乎遍佈了整個東地中海。這自然深受該地區政治演變的影響，但更要注意的是，數學活動並不是同時在各地都進行，而是隨著學術中心而轉移。

1.2 幾何方法

我們在序中提到，希臘人處理圓錐截痕，用的是幾何方法。現在我們要詳述幾何方法的特色。

證明

泰利斯強調幾何需要證明，他證明了一直徑把圓等分，三角形等腰則腰角要相等，兩三角形若有兩角一邊相等就全等，等等。

證明成了希臘數學的傳統，歐幾里德的《原本》就是範本，阿波氏的《圓錐截痕》也不例外。

畢氏的觀點

畢氏很重視自然數的研究，同時也認為：「任何兩線段長之比都是兩自然數之比。」他的這種想法，把自然數及其比也納入幾何的研究範圍。

說得詳細些，設定 1 就是一直線上的單位長（一固定張角圓規的兩腳距——用直尺圓規研究幾何的術語）。2 就是兩個單位長，……。(正) 分數 $\frac{n}{m}$ 也可以和直線上的長度對應起來：先把一單位長用尺規作圖的方法將其 m 等分，得 $\frac{1}{m}$ 的長度；$\frac{n}{m}$ 就是 n 個 $\frac{1}{m}$ 長度連起來的長度。他又認為：「給了任意長的兩線段，總可以找到某單位長，使這兩線段長的比值為一分數。」

求兩數最大公約數的輾轉相除法，就是將代表這兩數的兩線段長輾轉相量，最後能把另一線段長量盡的線段長，就是原來兩者最大公約數的線段長。反過來，把任兩線段長做輾轉相量，最後得到的最大公約線段長，就可以做為單位長，而兩線段長之比值為一分數。

畢氏觀點的破滅

不過畢氏本人或學派成員，卻發現一可怕的結果。譬如，等腰直角三角形 ACB 的斜邊長 $\overline{AB}$ 與一股長 $\overline{BC}$，做輾轉相量，卻找不到最大公約長度。

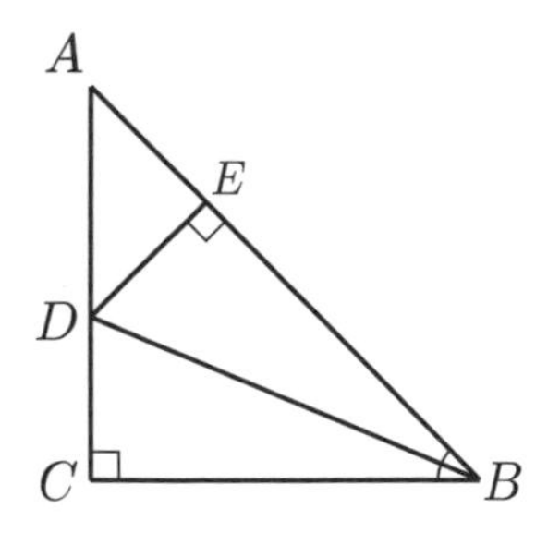

證明可以是這樣的：作 $\angle B$ 的分角線，交 $\overline{AC}$ 於 D。作 $\overline{DE}$ 垂直於 $\overline{AB}$，則 $\overline{BE}=\overline{BC}$，所以用 $\overline{BC}$ 量 $\overline{AB}$，就剩下 $\overline{AE}$。下一

步，就要拿剩下的 $\overline{AE}$，回頭去量剛才的量尺 $\overline{BC}$。然而 $\triangle AED$ 也是等腰直角三角形，所以 $\overline{AE}=\overline{DE}=\overline{CD}$。以 $\overline{AE}$ 量 $\overline{BC}$ $(=\overline{AC})$，就剩下 $\overline{AD}$；但 $\overline{AD}$ 還是比 $\overline{AE}$ 長，所以還得繼續用 $\overline{AE}$ 去量 $\overline{AD}$。亦即，一樣要用等腰直角三角形 $(\triangle AED)$ 的一股去量斜邊。

如此量下去，愈來愈小的等腰直角三角形就一再出現，無窮無盡，永遠得不到最大公約的長度。這個結果，用現在的語言來說就是「$\sqrt{2}$ 不是分數」。

解困

找不到公約長度的兩線段，稱為**不可公約** (incommensurable)。不可公約長度的出現，使希臘數學陷入了困境。解決困境的英雄就是柏拉圖學院的尤多緒思 (Eudoxus)。他提出比例論，認為不可公約長度的比，不再是一個數，彼此之間的大小關係及運算，需要另外建立一套系統。

比例論

比例論的重點，要處理的是同類的兩幾何量（譬如同為長度、面積或體積），其比例的大小如何定義？比例論說，兩比例 $\frac{b}{a}$ 與 $\frac{d}{c}$，它們要相等的意思是說，對任何分數 $\frac{n}{m}$（m, n 為自然數），

(I)若 $mb>na$，則 $md>nc$。

(II)若 $mb=na$，則 $md=nc$。

(III)若 $mb<na$，則 $md<nc$。

以上都是同類量在比大小，都有幾何意義。換成現在的觀點來看，

(I)(II)(III)無非是

(i)若 $\frac{n}{m}<\frac{b}{a}$，則 $\frac{n}{m}<\frac{d}{c}$。

(ii)若 $\frac{n}{m}=\frac{b}{a}$，則 $\frac{n}{m}=\frac{d}{c}$。

(iii)若 $\frac{n}{m}>\frac{b}{a}$，則 $\frac{n}{m}>\frac{d}{c}$。

所以，$\frac{b}{a}=\frac{d}{c}$ 的定義無非是用到任一實數都可用分數來逼近的原理。用同樣的原理，兩比例 $\frac{b}{a}>\frac{d}{c}$ 的定義要為：可找到分數 $\frac{n}{m}$，使得 $\frac{b}{a}>\frac{n}{m}>\frac{d}{c}$，亦即 $mb>na$，但 $md<nc$。這個定義用現代的觀點來看，就是兩實數之間必有分數。

實數

經比例論這一番折騰，希臘的數學又再次活躍起來，回到幾何式思維的正軌，不過兩同類量之比卻到處可見，這是現代數學較為少見的。因為兩量之比，現代的數學就把它與分數同樣看成一實數來處理（註 3）。

《原本》

提到希臘的幾何，當然就想到歐幾里德的《原本》(共 13 冊)。《原本》的第 5 冊介紹了比例論，也有好幾冊在討論數論也都用了幾何方法。所以《原本》保持了希臘數學幾何式思維的傳統。

比例中項

代數的問題用幾何方法處理，可再舉一例。兩個數 s, t 的比例中項 x，從代數的觀點，無非是兩者相乘後的平方根：

$$x=\sqrt{st}$$

但用幾何的觀點，s, t, x 都要用線段的長度來表示。標準的作法是在一直線上（用尺規）取三點 A, M, B，使得 $\overline{AM}=s, \overline{BM}=t$，然後作 $\overline{AB}$ 的垂線 $\overline{PM}$，交以 $\overline{AB}$ 為直徑的（半）圓於 P 點，則 $x=\overline{PM}$ 就是 s, t 的比例中項：

$$x^2=\overline{PM}^2=\overline{AM}\cdot\overline{BM}=st。$$

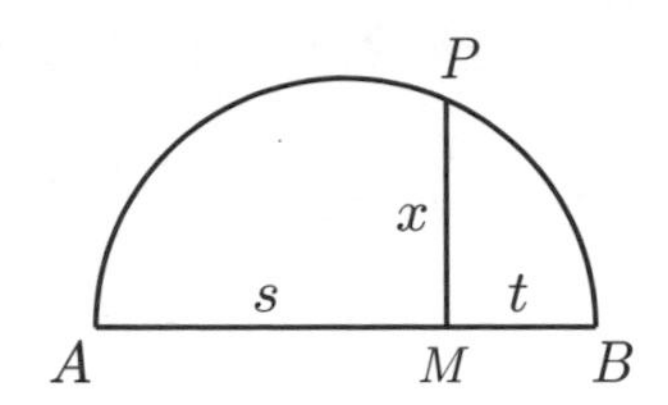

幾何三大難題

平面幾何的成功，使得希臘人總想用直尺和圓規解決所有的數學問題。不過這樣的想法卻遭到一些困難。

首先是所謂的幾何三大難題（註 4），分別是：

一、**倍立方問題**：給了一正立方體，另作一正立方體，使其體積為原正立方體體積的兩倍。

二、**三等分角問題**：把一角三等分。

三、**方圓問題**：給了一圓，作一正方形，使其面積與圓面積相等。

難題無解

這三個難題讓許多數學家傷透腦筋，還是不得其解。直到十九世紀，才從代數的觀點，證明它們都是不能用尺規的方法來解決的。

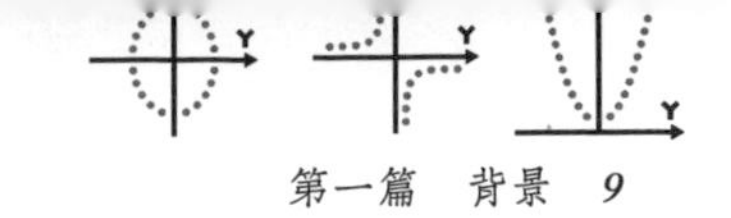

倍立方問題很容易看出來，是無法用尺規來解決的，因為倍立方就是求 $\sqrt[3]{2}$，即求立方根，不是只能求平方根的尺規方法所能辦到的。

由三角學的三倍角公式可知，要能三等分角，就要解得三次方程式的根，而通常這樣的根，只用方程式係數間的四則及平方根運算是表示不出來的——尺規只能做這些運算。

至於方圓問題就是求 $\sqrt{\pi}$，然而圓周率 π 是所謂的超越數，既不是任何（有理係數）方程式的根，更遑論是平方根了。

圓錐截痕

另一類大難題是圓錐截痕，因為它們也不是尺規能作圖的。不過希臘人發現，只要允許平面與圓錐面相截，圓錐截痕的許多性質，都可用尺規作圖來導得。這正是阿波氏作品讓人嘖嘖稱奇的原因。

傳說

希臘人怎麼會去研究圓錐截痕呢？有一種說法說，它與倍立方的幾何作圖有關。傳說有一希臘詩人寫道：住在克里特島 (Crete) 的米諾斯王 (Minos)，對其兒子的正立方體墓碑不滿意，要求將其體積加倍，而且說，將長寬高各自加倍就好了。就因為米諾斯王（或者該詩人）的數學不好，刺激了許多數學家投入倍立方問題的研究。

雙重比例中項

西元前五世紀的希臘數學家希波克拉提斯（Hippocrates，約西元前 440 年）發現，倍立方問題可轉為求雙重比例中項的問

題。給了 s, t 兩長度，x, y 為其雙重比例中項的意思是

$$s : x = x : y = y : t$$

從代數的觀點，這就是求 $x^2 = sy,\ y^2 = tx$（或者 $x^2 = sy,\ xy = st$）的共解。

將 x 消去就得 $y^3 = st^2$。特別讓 $s = 2t$，則 $y^3 = 2t^3$，即 $y = \sqrt[3]{2}t$。如此，若 t 為原墓碑的一邊長，則 y 就是新墓碑的一邊長。然而，$x^2 = sy,\ y^2 = tx$ 都是拋物線，而 $xy = st$ 則為雙曲線，如果圓錐截痕可用尺規作圖，倍立方就有解了。

神諭

後來疫病流行，阿波羅神殿的神諭說，要除疫就得把神殿前的正立方體祭壇體積加倍。於是柏拉圖學院也開始研究倍立方的問題。

研究緣起

這些故事似乎要說，圓錐截痕的研究，起因於倍立方問題。其實從圓錐截痕要得到諸如 $y^2 = tx$ 的結果，是相當不簡單的，所以只能說，倍立方與圓錐截痕這兩個問題各自發展，後來發現倍立方問題可歸於圓錐截痕的作圖問題，使得數學家更加研究後一問題。

倍立方的作圖問題可歸於圓錐截痕的作圖，但倍立方終究是無法尺規作圖的，所以圓錐截痕也是不可尺規作圖的。

面積與長度不能相等

當然，$y^2 = tx$ 是代數表示法，古希臘的幾何式表示法是這樣的：

$$\overline{PM}^2 = \overline{AL} \cdot \overline{AM}$$

此處 A 為拋物線的頂點，P 為拋物線上任一點，$\overline{PM}$ 垂直於對稱軸。而 $\overline{AL}$ 為一定長的線段，與 A 點無關，掛在那裡只是為了表示以 $\overline{AL}$ 與 $\overline{AM}$ 為邊的長方形面積，會和正方形面積 $\overline{PM}^2$ 相等。

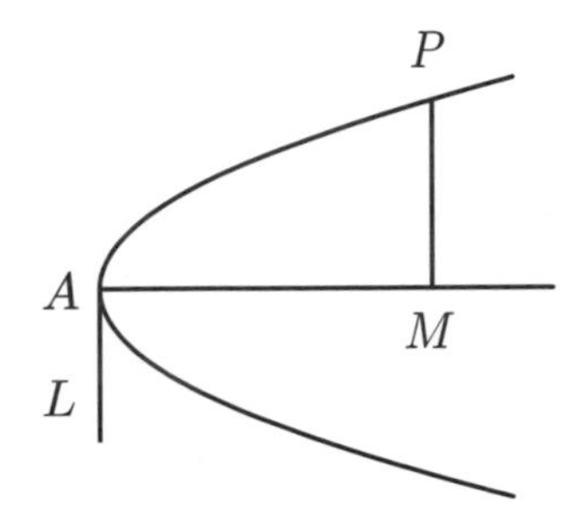

以頂點 A 為原點，對稱軸為 x 軸，則 $\overline{AM} = x,\ \overline{PM} = y$。另外令 $2p = \overline{AL}$ 為一定數，則 $\overline{PM}^2 = \overline{AL} \cdot \overline{AM}$ 就變成了 $y^2 = 2px$，這是我們熟悉的拋物線方程式。

p 為焦點到準線的距離，$2p$ $(= \overline{AL})$ 稱為此拋物線的標尺 (parameter)，其實它就是**正焦弦長**，亦即過焦點 $(\frac{p}{2}, 0)$ 而垂直於對稱軸的弦長。

即使 $\overline{AL}$ 的長度為單位長，希臘人也不會把拋物線的幾何式子寫成 $\overline{PM}^2 = \overline{AM}$。因為左式代表面積，右式代表長度，兩者不同類，之間不可能有大小相比的關係，這是幾何式思維的一個重點，也是缺點。

1.3 重要性質

這一節要幫助大家複習圓錐曲線的一些重要性質。

圓錐

某個平面上畫有一圓，在此平面外有一固定點。考慮通過圓上任一點與此固定點的連線，讓圓上的點變動，則相應的連線就連結成一曲面，稱為**圓錐**。

固定點稱為此圓錐的頂點，每一連線都稱為圓錐的母線，而頂點與圓心的連線稱為圓錐的軸線。如果軸線與平面垂直，則此圓錐稱為**直圓錐**或**正圓錐**，否則就是斜圓錐。

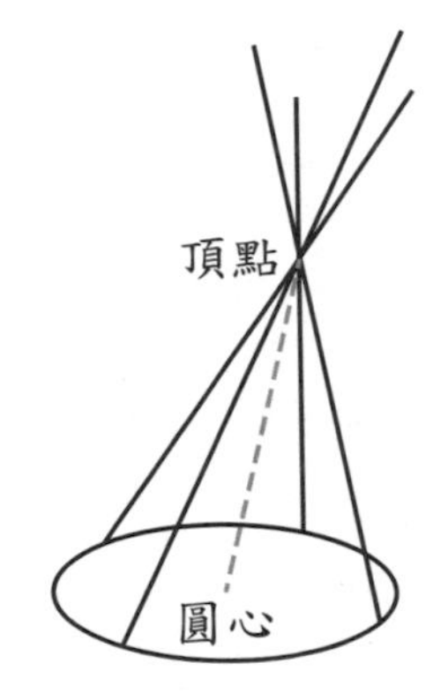

請注意，任一平行於定義圓的平面，與圓錐也會相截成一圓，而這樣的圓也可當做圓錐的定義圓。

截痕

圓錐截痕就是任一平面與圓錐相截所得的共同部分；圓錐不論是直的或斜的都可以。在阿波氏之前，研究圓錐截痕用的是直圓錐，所需的數學技術相對較簡單。阿波氏則特意用斜圓錐，所需技術複雜，不過成果豐碩。

圓錐截痕通常為橢圓、拋物線或雙曲線。頂點將圓錐分成兩部分，有時只考慮含有定義圓的那一部分，則雙曲線就剩下一支了。

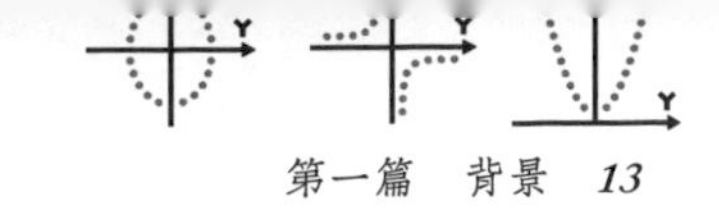

燈光灑地

晚上，拿一有圓錐形燈罩的電燈，則燈光就形成了一直圓錐體（即直圓錐面加其內部而成的立體）。把燈光照在地面，就得到一個有光區域。地面就是截圓錐體的一個平面，有光區域的邊緣就是圓錐截痕。當電燈垂直於地面，就看到圓；電燈稍微偏斜，就看到橢圓，愈偏斜，橢圓愈扁；電燈與地面平行，就看到拋物線；電燈再上揚，就看到雙曲線（的一支）。

不同角度的截痕

換成數學用語，一平面與直圓錐面相截，角度不同，所得的截痕會有變化。平面與圓錐軸線相垂直，截痕是圓；與某一母線相平行，截痕是拋物線；相截角度在上述兩者之間，截痕是橢圓；相截角度超過平行，平面會與圓錐的兩部分都相交，截痕是雙曲線。而當平面含有圓錐的軸線，則截痕為相交的兩直線；最後這種情形稱為圓錐截痕的退化。退化的情形還有幾種，譬如只含有一條母線，或只含有頂點。

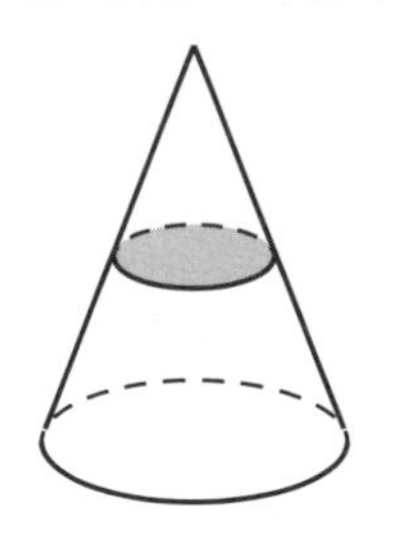
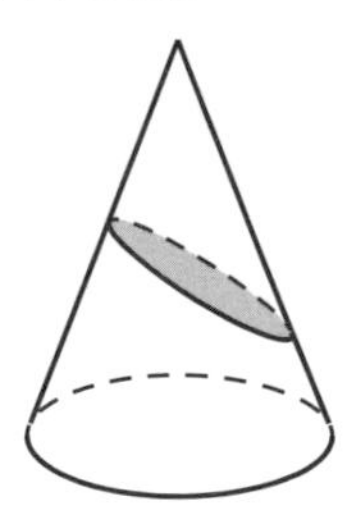
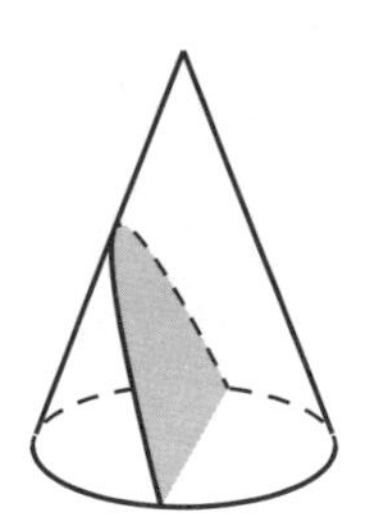
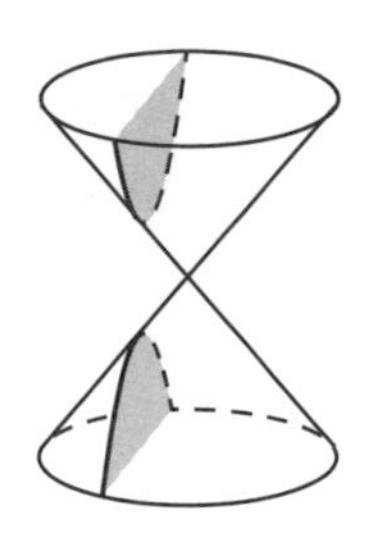

有心截痕

橢圓與雙曲線都有對稱中心，兩者合稱為有心錐線；拋物線則無對稱中心。有心錐線往往可以合併研究，技術上稍做變化即可；拋物線往往要另案考慮。

阿波氏為有心錐線定義了焦點，並證明了：橢圓（或雙曲線）上一動點到兩焦點距離（簡稱點焦距）之和（或之差）為定長；此定長即為長軸（或貫軸）之長。現在的教科書，往往反過來，以這樣的性質來定義橢圓（或雙曲線）。

畫法

利用上述這個性質，可有一個機械式的畫橢圓或雙曲線的方法。拿一細繩，將兩端固定於平面上的兩點。用筆尖將細繩拉緊，拉緊中將筆尖在平面上變動，就畫得一橢圓。

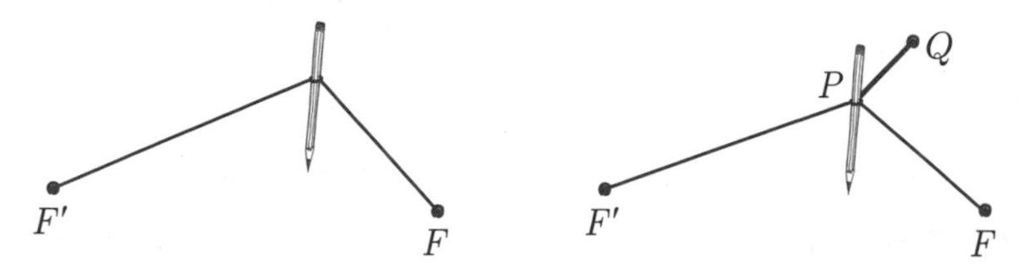

畫雙曲線的方法則稍微麻煩一點。一樣將細繩兩端固定於平面上兩點 F, F'。在細繩上再找一點 Q，將之打一個結。用一可移動的小套子，套住從 Q 點開始的兩股細繩 ($\overline{QF}$, $\overline{QF'}$) 的一部分，使得 Q 到套住點 P 的兩段細繩保持等長。然後用筆尖頂住 P 點，並使 P 點（的小套子）移動，筆就會畫出雙曲線

$$(\left|\overline{PF}-\overline{PF'}\right|=\left|\overline{QF}-\overline{QF'}\right|=\text{定長})。$$

切線特性

橢圓的切線有個重要性質：「過橢圓上一點 P 的直線，若與 $\overline{PF}$, $\overline{PF'}$ 所成的 $\angle 1$, $\angle 2$ 相等，則為切線。」

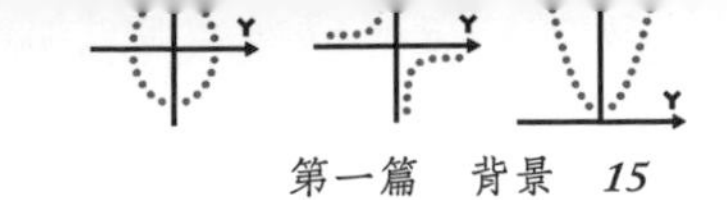

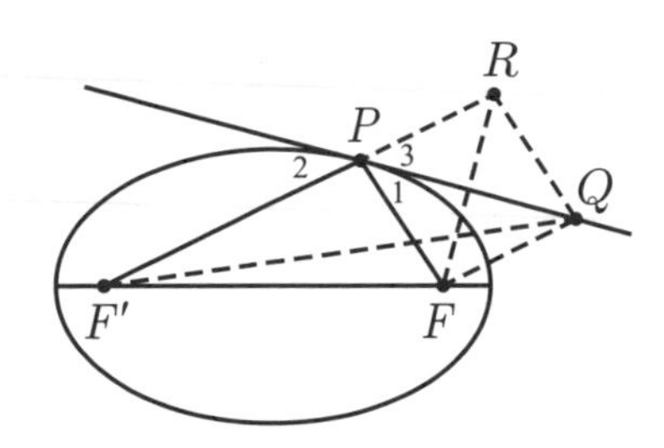

我們可以有非常簡單的證法：從 F 作直線的垂線，延長交 $\overline{F'P}$ 的延線於 R，則 $\angle 3=\angle 2=\angle 1$，所以 $\overline{PF}=\overline{PR}$,　.

$$\overline{RF'}=\overline{PR}+\overline{PF'}=\overline{PF}+\overline{PF'}=\text{定長}$$

在直線上任取另外一點 Q，一樣得 $\overline{QF}=\overline{QR}$，因此

$$\overline{QF}+\overline{QF'}=\overline{QR}+\overline{QF'}>\overline{RF'}=\text{定長}$$

所以 Q 就不能在橢圓上，直線就是切線了。實際作圖，就是作 $\angle FPF'$ 的分角線，再作其垂線就是了。雙曲線的情形類似，$\angle FPF'$ 的分角線就是切線。

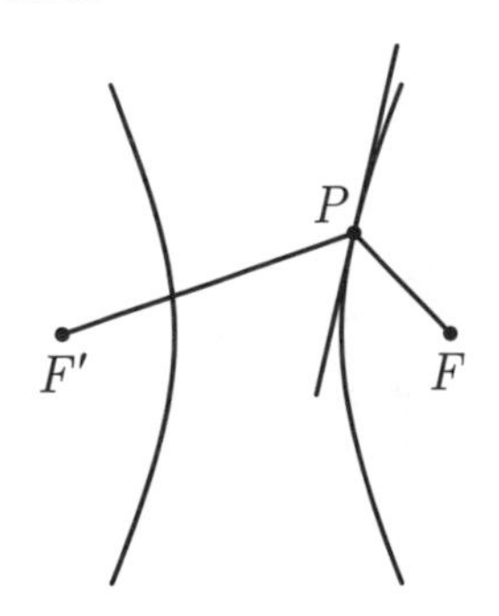

傳音入密

想像有一橢圓形狀的撞球臺面，那麼從一焦點打出去的球，經球臺邊反彈（入射角 = 反射角）後，一定會跑往另外一焦點。同樣原理，再加上 $\overline{PF}+\overline{PF'}=$ 定長的性質，科學館可建一「傳音

入密」廳，使一個人站在一點（焦點）小聲講話，站在另一點（另一焦點）的人卻聽得清清楚楚。

折紙成橢圓

$\overline{PF} + \overline{PF'} =$ 定長的橢圓性質，讓我們有一折紙法，可折出橢圓形狀。

紙上有一圓 F'，在其內另取一點 F。設 R 為圓上任一點，把 $\overline{RF}$ 的垂直平分線作一折痕（亦即使 R 與 F 重合的折紙），則 $\overline{RF'}$ 與折痕的交點 P，其軌跡就是以 F, F' 為焦點，圓半徑長為長軸長的橢圓，而折痕就是過 P 點的切線。多取幾個 R 點，多幾道折痕（切線），你就會發現，這些折痕包絡成了一個橢圓圖形。

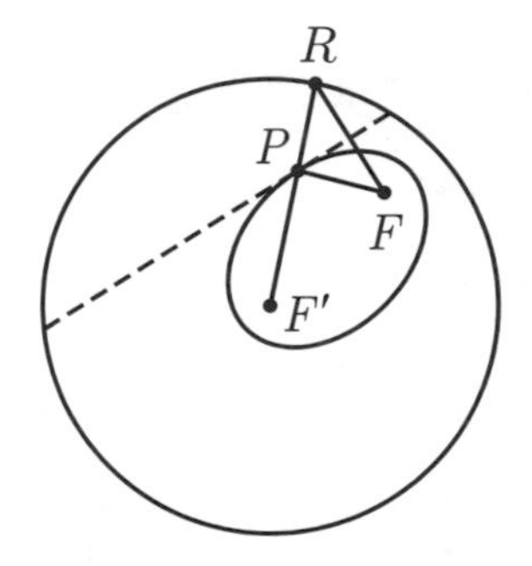

相對於 P 點描成的「點橢圓」，切線（折痕）圍成的稱為「線橢圓」。雙曲線也有類似的折紙法，只要把 F 點選在圓外就好。

懸案

阿波氏並沒有提到拋物線的焦點，也許是拋物線的焦點要和準線合用，才會有有意義的結果，而他連有心錐線的準線也完全沒提及。

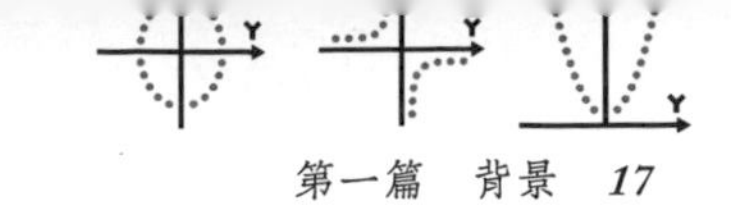

不過，在阿波氏之後五百年，西元 300 年左右的帕普斯卻說，阿波氏之前的歐幾里德就有焦點與準線的概念，並且證明了圓錐截痕都有

$$點焦距 / 點準距 = \varepsilon$$

的性質。ε 稱為**離心率**，$\varepsilon < 1,\ \varepsilon = 1,\ \varepsilon > 1$ 各相應於橢圓、拋物線及雙曲線的情形。可怪的是，阿波氏強調他參考了歐幾里德的巨作，但在本人的著作中，卻完全不提準線，所以這是一件懸案。

拋物線的切線

若為拋物線時，$\varepsilon = 1$ 表示點焦距 = 點準距，即圖中的 $\overline{PF} = \overline{PR}$。由此可推得，$\angle RPF$ 的分角線就是過 P 點的切線（P 點之外，分角線上任一點都有點焦距 > 點準距的性質）。

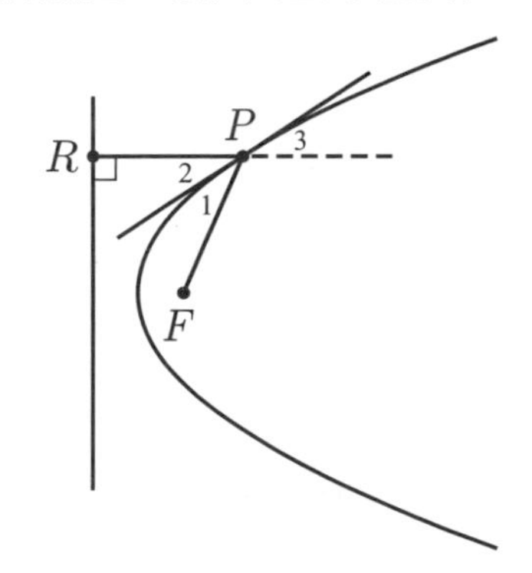

聚焦性

由切線的性質，馬上就得到 $\angle 3 = \angle 2 = \angle 1$。亦即從焦點射出的光線遇到拋物線後，會反射成與對稱軸相平行的光線。

車燈的設計就是採拋物線旋轉面的造型，把光源放在其焦點，經旋轉面反射後，成為平行的光束，可以照得更遠。另外，各類太空望遠鏡也採用拋物線旋轉面，使得遠方傳來的平行電磁波，都會集中到焦點，使得映象更清晰（註 5）。

折紙成拋物線

利用拋物線切線的性質，我們可有一種折紙法得到其圖形。在一長方形紙底邊的上方取一點 F，在底邊上任取一點 Q，過 Q 折一直線折痕，使得底邊上一點 R 與 F 點重合。過 R 作 $\overline{QR}$ 的垂線，交折痕於 P 點，則 P 點的軌跡就是以 F 為焦點，$\overline{QR}$ 為準線的拋物線，$\overline{PQ}$ 為切線。（$\angle 1 = \angle 2$，而 $\overline{QR}$ 的垂線 $\overline{FD}$ 為拋物線的對稱軸。）讓 Q 點變動，就得一連串的切線 $\overline{PQ}$，它們會包絡成一拋物線。

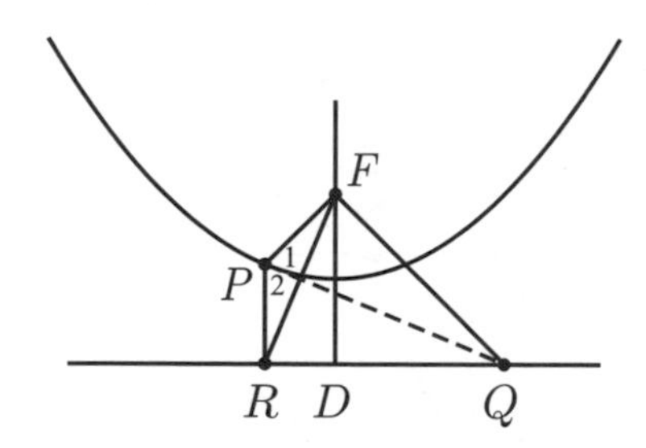

電腦繪圖

現代的代數方法，也可利用點焦距 / 點準距 = ε，來導出三類圓錐曲線的方程式。利用這些方程式，用描點方法也可得到錐線的圖形，利用電腦繪圖更方便。

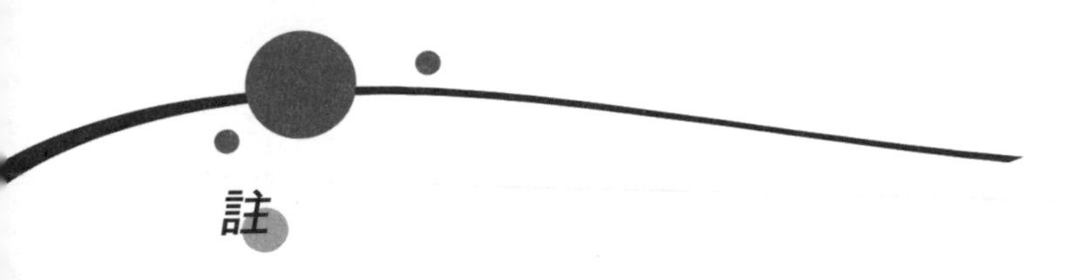

註

1. 統治亞歷山大帝國埃及部分的是托勒密王朝，我們所提到的第一任國王為 Soter Ptolemy I。而亞歷山卓有名的數學家、天文學家托勒密 (Claudius Ptolemy)，是生於 Soter 之後 400 年。托勒密王朝於西元前 31 年為羅馬所滅。
2. 丟番圖因研究整係數方程式的整數解而有名，這方面的研究就稱為丟番圖分析。帕普斯則是幾何學家，交比、帕普斯定理（5.2 節）、旋轉體體積等，都與他有關。
3. 實數理論要到十九世紀才發展成熟，採取的觀點其實就是比例論的觀點——實數可用分數來逼近，只不過現在的實數就是數，而不一定是兩個同類量之比。

   另外，西元前六世紀的齊諾，曾提出四個弔詭來挑戰當時對時、空的兩種看法：一種是時間與空間可以一再分割下去，另一種是，時間與空間都有最小的、不可分割的組成單位。

   有關時空的本質，兩千多年來爭議不休。現在的一種看法，是把實數當做時、空的一種模型。根據這樣的模型，齊諾時代對時、空的兩種看法，都遭到否定。可參閱曹亮吉的《阿草的葫蘆》（遠哲），9.1 節。
4. 有關幾何三大難題的細節，可參閱曹亮吉的《數學導論》（科學月刊），第四章。
5. 提到拋物線的應用，總會想起阿基米德的兩件傳說。阿基米德晚年時，他所住的敘拉古王國，因為與迦太基結盟，遭到羅馬軍隊水陸兩棲的圍城。傳說阿基米德教居民如何用弩砲，把大石頭拋向羅馬的軍隊與船艦，同時用拋物鏡面，讓太陽光聚焦於羅馬的船艦，使其燃燒起火，因而重創敵軍。

用弩砲應該是史實，羅馬人寫的史書都有記載。但用弩砲不必靠研究拋物線來預測軌跡，只要先試射幾次就知道彈道的遠近；用弩砲也不能靠預測，因為來不及計算。至於拋物線鏡面聚光的事，許多科學史家都存疑，所有做過這類實驗要來驗證的，都沒有成功過。

那麼，為什麼有這些傳說呢？阿基米德研究過拋物線弓形面積，及拋物線旋轉面為平面所截所圍成的體積，於是理所當然，後人會把怎樣利用拋物線性質的傳奇，加到他的身上。

第二篇　截痕

在阿波氏之前，圓錐截痕的研究用的是直圓錐，而且平面以垂直方向與圓錐相截，好處是很容易導得主要關係式。阿波氏用的是斜圓錐，可得到更一般的關係式，不過關係式的導出過程非常複雜。我們只能討論一些關鍵性的地方。好在這兩部分的討論，已足夠讓人領略立體幾何與平面幾何合烹的美味了（註 1）。

不過在十九世紀，關於圓錐截痕，出現了另一道精緻的美食——冰淇淋筒定理。我們特別另闢一節，讓大家來嚐鮮（註 2）。

2.1 直圓錐直角截痕

在阿波氏之前，有兩個人開創了圓錐截痕的研究工作，他們是西元前四世紀上半柏拉圖學派的梅氏 (Menaechmus)，以及約西元前 300 年的歐幾里德。

直圓錐

梅氏考慮的是直圓錐，它們由直角三角形，以一股為軸旋轉一周而成。所得直圓錐的頂角若為銳角、直角或鈍角，則相應的直圓錐也就稱為銳角、直角或鈍角直圓錐。如此則所得的截痕，分別為橢圓、拋物線及雙曲線。平面以垂直方向接觸錐面使得數學演繹大為簡化。

拋物線

先考慮拋物線的情形。如圖，頂角 $\angle AQD$ 為直角，$\overline{QA}$, $\overline{QD}$ 為母線。A 為截面與圓錐母線的接觸點，$\overline{AE}$ 為截痕的對稱軸，它與母線 $\overline{QA}$ 垂直，與母線 $\overline{QD}$ 平行。$\overline{QE}$ 為圓錐的軸線。設 P 為截痕上一點，過 P 而垂直於軸線 $\overline{QE}$ 的平面，交圓錐於一圓（虛線所示），而此圓與母線 $\overline{QA}$, $\overline{QD}$ 交於 B, C。此圓含截痕的另一點 P'，而 $\overline{PP'}$ 為 $\overline{AE}$ 垂直平分於 M，因此也為 $\overline{BC}$ 垂直平分於 M。圖中所有的實線都在 $\triangle QAD$ 所在的平面上，而在此平面上，

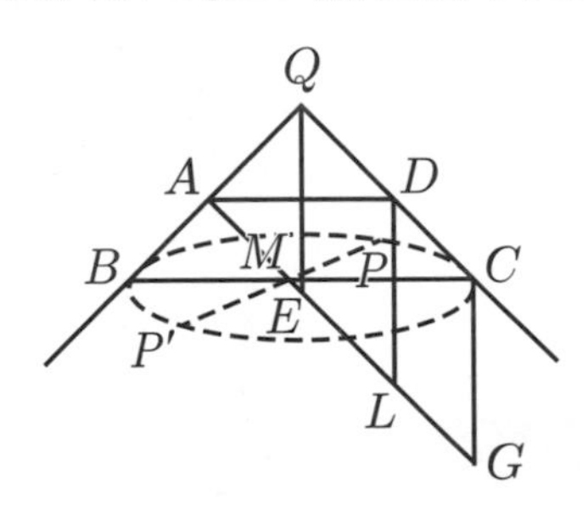

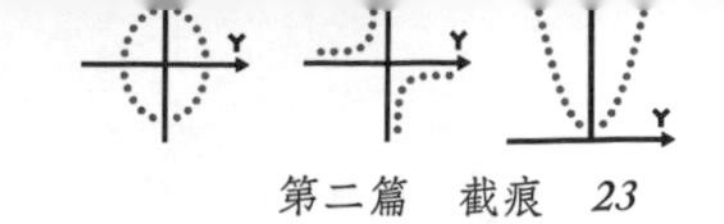

作 $\overline{DL}\perp\overline{AD}$, $\overline{CG}\perp\overline{BC}$，分別交 $\overline{AE}$ 於 L, G。圖中的（非鈍）角不是 45° 就是 90°。

如果以 A 為原點，$\overline{AE}$ 為正 x 軸，則 $\overline{AM}$ 為 M 點（也是 P 點）的 x 坐標長，$\overline{PM}$ 為 P 點的 y 坐標長。梅氏的研究就是要建立 $\overline{PM}$ 與 $\overline{AM}$ 之間的關係。梅氏找到的關係式為 $\overline{PM}^2=\overline{AL}\cdot\overline{AM}$，亦即 $y^2=2px$，其中 $2p=\overline{AL}=2\overline{AE}$ 為定長，與 P 點無關，稱為拋物線的**標尺** (parameter)。其實 $2p$ 就是拋物線過焦點 $(\frac{p}{2}, 0)$，而垂直於對稱軸的弦長，稱為**正焦弦**（長）。

$\overline{PM}^2=\overline{AL}\cdot\overline{AM}$ 是一種比例中項的關係，而整個證明就從以 $\overline{BC}$ 為直徑之圓中的比例中項開始：

$$
\begin{aligned}
\overline{PM}^2 &= \overline{BM}\cdot\overline{CM} \\
&= \overline{GM}\cdot\overline{AM}\text{（}A,\ B,\ C,\ G\text{ 共圓）} \\
&= \overline{AL}\cdot\overline{AM}\text{（}\overline{LG}=\overline{CD}=\overline{AM}\text{，因此 }\overline{GM}=\overline{AL}\text{）}
\end{aligned}
$$

橢圓

橢圓的情形稍微複雜，但證明的方向類似。如圖，$\angle Q$ 為銳角，所以 $\overline{AE}$ 不與 $\overline{QD}$ 平行，這是比較複雜的原因。假設直線 AE 交直線 QD 於 A'。

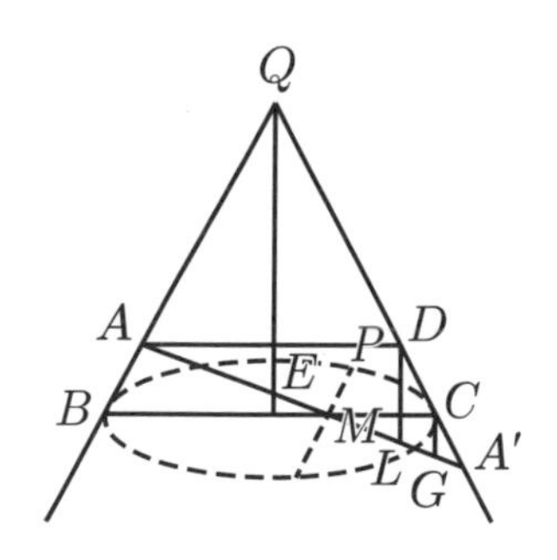

證明拋物線關係式的頭兩個等式，在橢圓時仍然適用；$\overline{GM}$ 與 $\overline{AL}$ 的關係則比較複雜：

$$\overline{PM}^2 = \overline{BM}\cdot\overline{CM} = \overline{GM}\cdot\overline{AM}$$

$$= \frac{\overline{MC}}{\overline{AD}}\cdot\overline{AL}\cdot\overline{AM} \text{（}\triangle GMC \text{ 與 } \triangle LAD \text{ 相似）}$$

$$= \frac{\overline{A'M}}{\overline{AA'}}\cdot\overline{AL}\cdot\overline{AM} \text{（}\triangle A'MC \text{ 與 } \triangle A'AD \text{ 相似）}$$

$$= \frac{\overline{AL}}{\overline{AA'}}\cdot\overline{AM}\cdot\overline{A'M}$$

這就是橢圓的關係式。

標尺

$\overline{AA'}$ 是橢圓的長軸，與參數 $2p = \overline{AL} = 2\overline{AE}$ 都與 P 點無關。上面的式子說，雖然 $\overline{AM}, \overline{A'M}$ 的比例中項不是 $\overline{PM}$，不過 $\overline{PM}^2$ 與 $\overline{AM}\cdot\overline{A'M}$ 相比，倒是個常數 $\dfrac{\overline{AL}}{\overline{AA'}}$，這是從圓到橢圓的推廣。

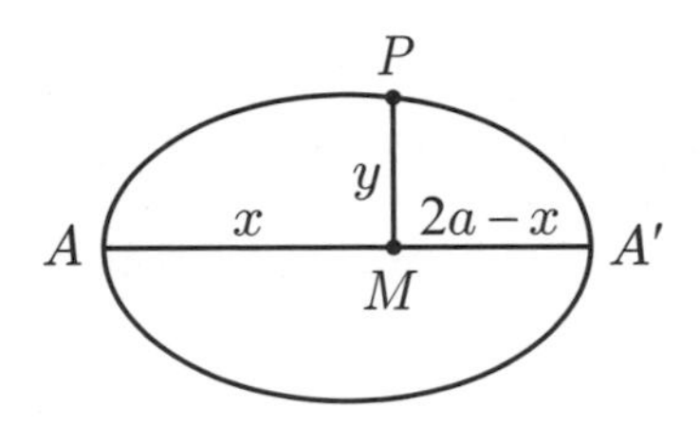

令 $\overline{AA'} = 2a,\ b = \sqrt{ap}$，則關係式變成 $y^2 = \dfrac{b^2}{a^2}x(2a - x)$，它可以整理成

$$\frac{(x-a)^2}{a^2} + \frac{y^2}{b^2} = 1$$

這就是以頂點 A 為原點，$\overline{AA'}$ 為正 x 軸時，橢圓的方程式。$2p$ 稱為此橢圓的標尺，它就是正焦弦的長度。

雙曲線

雙曲線的關係式也相同，只是 $\overline{AE}$ 與 $\overline{QD}$ 相交於相反的方向。

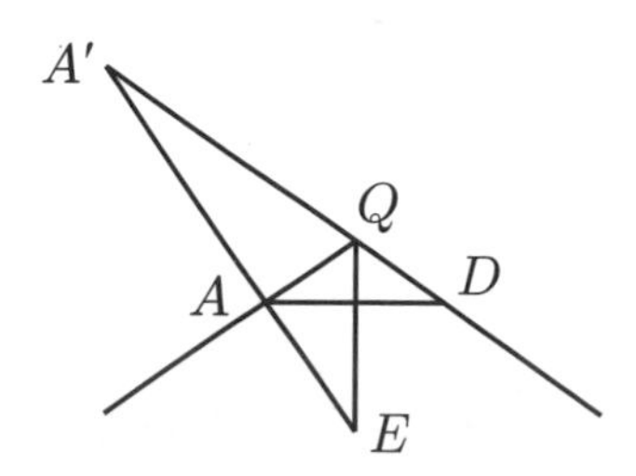

三類曲線同屬一族

無論是橢圓或雙曲線，如果 $\angle Q$ 往直角變動，A' 點就往無窮遠移動，$\dfrac{\overline{AM'}}{\overline{AA'}}$ 就會趨近於 1。所以

$$\overline{PM}^2 = \frac{\overline{AL}}{\overline{AA'}} \cdot \overline{AM} \cdot \overline{AM'}$$

也可適用於拋物線，則 A' 可視為無窮遠點，而 $\dfrac{\overline{A'M}}{\overline{AA'}} = 1$。從這個觀點，這三類曲線可看成同屬一族。

焦點與準線

下面我們以橢圓為例來看，帕普斯認為歐幾里德怎樣定義焦點與準線，以及如何證明相關的距離比公式。在說明的過程中，我們會以熟悉的半長、短軸 a, b，以及中心 O（AA' 的中點）到焦點 F, F' 的距離 $c = \sqrt{a^2 - b^2}$ 來驗證：

⑴定義 F 使得 $\overline{FO}^2 = \overline{AO} \cdot \overline{EO}$。

$$(\overline{AO} \cdot \overline{EO} = a(\overline{AO} - \overline{AE}) = a(a - \frac{1}{2}\overline{AL}) = a(a - \frac{b^2}{a})$$

$$= a^2 - b^2 = c^2 = \overline{FO}^2)$$

則 $\overline{F'O}^2 = \overline{A'O} \cdot \overline{EO}$。

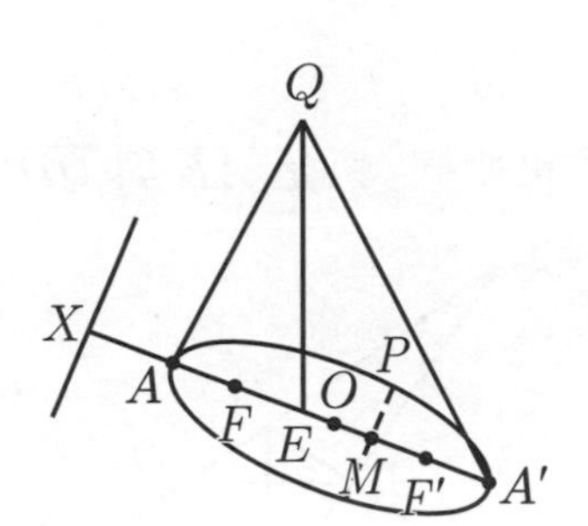

(2) F 的定義相當於 $\overline{AF}\cdot\overline{A'F}=\overline{AO}\cdot\overline{AE}$。

$$\left((a-c)\cdot(a+c)=a\cdot\frac{b^2}{a}\right)$$

(3)定義離心率為 $\varepsilon=\dfrac{\overline{FO}}{\overline{AO}}$。$\left(\varepsilon=\dfrac{c}{a}\right)$

(4)在橢圓所在的平面上，定義準線為一直線，它垂直於 $\overline{AA'}$，且至 A 點距離為 $\overline{AX}=\dfrac{\overline{AO}}{\overline{FO}}\cdot\overline{AF}$ $\left(=\dfrac{a}{c}(a-c)\right)$，即至中心 O 點距離為 $\overline{OX}=\dfrac{\overline{AO}}{\varepsilon}$。

$$\left(\overline{OX}=\overline{AX}+\overline{AO}=\frac{a}{c}(a-c)+a=\frac{a}{\varepsilon}\right)$$

點焦距／點準距 = ε

點焦距／點準距 = ε，就是 $\overline{PF}/\overline{MX}=\varepsilon$，或者 $\overline{PF}^2=(\varepsilon\overline{MX})^2$，或者 $\overline{PM}^2+\overline{MF}^2=(\varepsilon\overline{MX})^2$，或者 $\overline{PM}^2=(\varepsilon\overline{MX})^2-\overline{MF}^2$。把等式的右邊分解成

$$(\varepsilon\overline{MX})^2-\overline{MF}^2=(\varepsilon\overline{MX}-\overline{MF})(\varepsilon\overline{MX}+\overline{MF})$$

我們可分別導出（註 3）

(5) $\varepsilon\overline{MX}-\overline{MF}=\dfrac{\overline{AF}}{\overline{AO}}\cdot\overline{A'M}$ 及

(6) $\varepsilon\overline{MX}+\overline{MF}=\dfrac{\overline{A'F}}{\overline{AO}}\cdot\overline{AM}$。

把(5)(6)兩式相乘，左邊為梅氏公式 $\overline{PM}^2$，而利用(2)，右邊就得梅氏公式的右式 $\frac{\overline{AL}}{\overline{AA'}}\cdot\overline{AM}\cdot\overline{A'M}$。如此就證明了

點焦距／點準距 = ε。

(5)(6)兩式導出的細節如下：

$$\varepsilon\overline{MX}-\overline{MF}\overset{(3)}{=}(\frac{\overline{FO}}{\overline{AO}}\cdot(\overline{AM}+\overline{AX})-\overline{MF})$$

$$\overset{(4)}{=}\frac{\overline{FO}}{\overline{AO}}\cdot\overline{AM}+\overline{AF}-\overline{MF}$$

$$=\frac{\overline{FO}}{\overline{AO}}\cdot(\overline{AF}+\overline{MF})+\overline{AF}-\overline{MF}$$

$$=\frac{\overline{FO}+\overline{AO}}{\overline{AO}}\cdot\overline{AF}-\frac{\overline{AO}-\overline{FO}}{\overline{AO}}\cdot\overline{MF}$$

$$=\frac{\overline{A'F}}{\overline{AO}}\cdot\overline{AF}-\frac{\overline{AF}}{\overline{AO}}\cdot\overline{MF}$$

$$=\frac{\overline{AF}}{\overline{AO}}\cdot(\overline{A'F}-\overline{MF})$$

$$=\frac{\overline{AF}}{\overline{AO}}\cdot\overline{A'M}$$

$$\varepsilon\overline{MX}+\overline{MF}\overset{(3)}{=}\frac{\overline{FO}}{\overline{AO}}\cdot(\overline{AM}+\overline{AX})+\overline{MF}$$

$$\overset{(4)}{=}\frac{\overline{FO}}{\overline{AO}}\cdot\overline{AM}+\overline{AF}+\overline{MF}$$

$$=\frac{\overline{FO}}{\overline{AO}}\cdot\overline{AM}+\overline{AM}$$

$$=\frac{\overline{FO}+\overline{AO}}{\overline{AO}}\cdot\overline{AM}$$

$$=\frac{\overline{A'F}}{\overline{AO}}\cdot\overline{AM}$$

2.2 斜圓錐截痕

阿波氏約在西元前 261 年，生於小亞細亞希臘人的殖民地 Perga（現今土耳其地中海岸）。年輕時就到當時的學問中心亞歷山卓留學，受教於歐幾里德或他的學生，並在那裡待了很長一段時間。後來回到小亞細亞，定居在 Pergamun（現今土耳其愛琴海岸）。Pergamun 也是一個學術重地，有個大圖書館，僅次於亞歷山卓有名的圖書館。他約於西元前 190 年在那裡過世。

斜圓錐截痕

與前人最大的不同之處，阿波氏使用的圓錐不再限於直圓錐，考慮的是一般圓錐。

假設 Q 為圓錐的頂點，截面交定義此圓錐的圓於 D, D' 兩點。（必要時可換個定義圓，使其與截面能相交，請參考 1.3 節的開頭。）設直徑 $\overline{BC}$ 垂直平分 $\overline{DD'}$ 於 N，而截面交母線 $\overline{QB}$ 於 A，則 $\overline{AN}$ 在截面上。

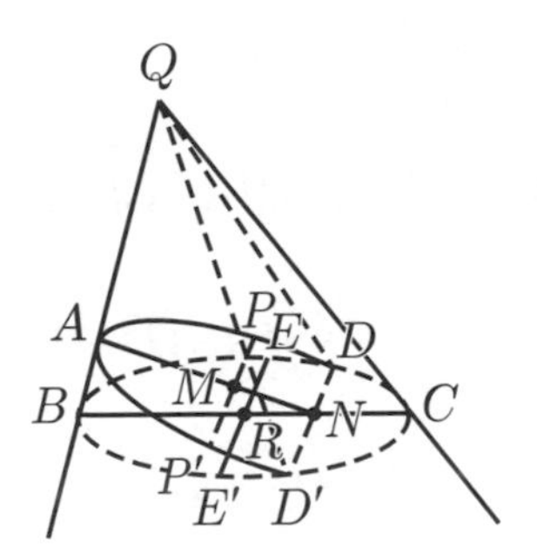

阿波氏面臨的問題是這樣的：$\overline{AN}$ 不一定是截痕的對稱軸，因為 $\overline{AN}$ 雖然平分 $\overline{DD'}$，但與 $\overline{DD'}$ 並不一定垂直。所幸他發現所有與 $\overline{DD'}$ 平行的截痕弦 $\overline{PP'}$ 都為 $\overline{AN}$ 所平分。如果平分點為 M，他更發現 $\overline{PM}^2$ 與 $\overline{AM}$ 的關係，和直圓錐的情形相同。

三垂線引理

要了解阿波氏的問題及研究結果，我們需要立體幾何中既簡單且重要的三垂線引理：過平面外一點 P，作平面的垂線 $\overline{PQ}$。過 Q 再作平面上一直線 ℓ 的垂線 $\overline{QR}$。則 $\overline{PR}$ 也是 ℓ 的垂線。道理很簡單，ℓ 與 $\overline{QR}$, $\overline{PQ}$ 都垂直，所以垂直於兩者所在的平面，而 $\overline{PR}$ 在此平面上。

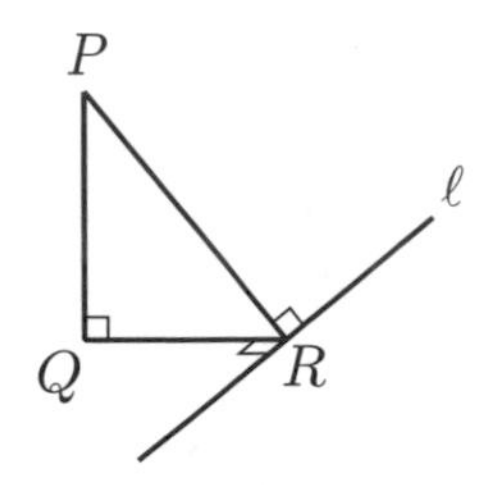

回到本節第一個圖，$\overline{BN}$ 雖然垂直於 $\overline{DD'}$，但 $\overline{AB}$ 不一定垂直於圓所在的平面，$\overline{AN}$ 就不一定要垂直於 $\overline{DD'}$，除非 $\triangle QBC$ 所在的平面與圓所在的平面互相垂直。這些我們都可用三垂線引理來驗證。

平行的充要條件

利用三垂線引理，我們馬上導得下面的結果：有兩平面交於一直線 ℓ，其中一平面上另有一直線 $\overline{PP'}$，則 $\overline{PP'}$ 與 ℓ 平行的充要條件為：「P, P' 到另一平面的垂線等長。」

平行弦為 $\overline{AN}$ 所平分

把這樣的充要條件用到本節第一個圖，把 ℓ 取為 $\overline{DD'}$，則知 P, P' 到圓所在平面的垂線等長。設母線 $\overline{QP}$, $\overline{QP'}$ 交圓於 E, E'。這回 ℓ 取為 $\overline{EE'}$，兩平面分別為圓所在的平面，及 $\overline{QP}$, $\overline{QP'}$ 所在

的平面，則知 $\overline{EE'}$ 與 $\overline{PP'}$ 平行，因此與 $\overline{DD'}$ 也平行。所以 $\overline{EE'}$ 為 $\overline{BC}$ 所平分，設平分點為 R。

M 在 $\overline{PP'}$ 上，所以 $\overline{QM}$ 在 $\triangle QEE'$ 的平面上，則延長線會交 $\overline{EE'}$ 於一點；$\overline{QM}$ 同時也在 $\triangle QBC$ 的平面上，所以延長線會交 $\overline{BC}$ 於一點。亦即，$\overline{QM}$ 要過 $\overline{EE'}$ 與 $\overline{BC}$ 的共同點 R。

把圖中一部分拿出來，馬上看出 M 為 $\overline{PP'}$ 的中點，因為 R 為 $\overline{EE'}$ 的中點，而 $\overline{PP'} /\!/ \overline{EE'}$。

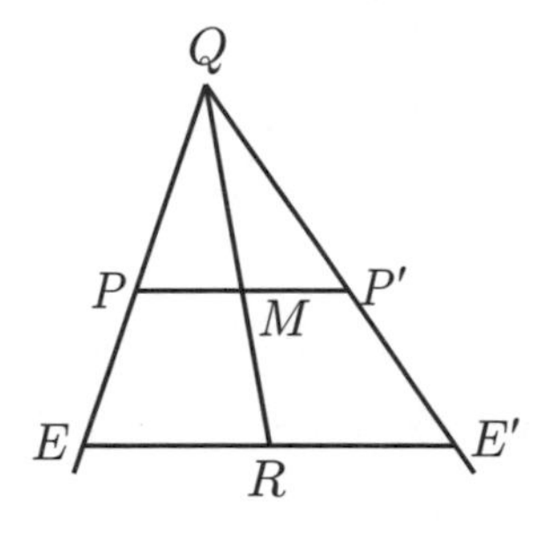

直徑

阿波氏把 $\overline{AN}$ 稱為直徑，直徑並一定是截痕的對稱軸。拋物線時，直徑要平行於對稱軸；有心錐線時，直徑會通過中心。

阿波氏證明，截痕的任一組平行的弦，會有一直徑通過各弦的中點，而此直徑端點的切線與這些弦也平行。此直徑與相應平行弦的兩方向稱「互為共軛」。有心錐線時，平行弦中也會有一直徑，它與過平行弦中點的直徑就是共軛直徑。

用坐標的語言來說，阿波氏研究的是，任一組共軛方向的（斜角）坐標關係，以及不同組共軛方向間的線性轉換。

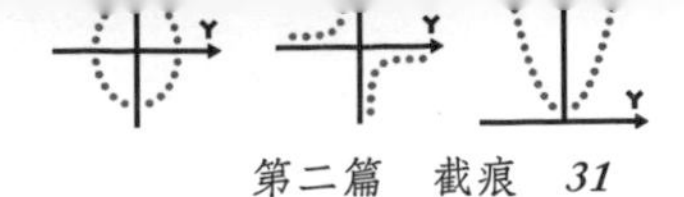

阿波氏公式

阿波氏一樣得到梅氏型式的公式：

$$\overline{PM}^2 = \overline{AL} \cdot \overline{AM} \text{（拋物線）}$$

$$\overline{PM}^2 = \frac{\overline{AL}}{\overline{AA'}} \cdot \overline{AM} \cdot \overline{A'M} \text{（有心錐線）}$$

其中 $\overline{AL}$ 的定義非常複雜（因為斜圓錐的關係），當然只與錐線及所用的直徑有關，但與坐標 $\overline{AM}$, $\overline{A'M}$, $\overline{PM}$ 無關。$\overline{AL}$ 稱為此錐線相對於所用直徑之標尺，它的定義為

$$\overline{AL} = \frac{\overline{BC}^2}{\overline{QB} \cdot \overline{QC}} \cdot \overline{AQ} \text{（拋物線）}$$

$$\overline{AL} = \frac{\overline{BK} \cdot \overline{CK}}{\overline{QK}^2} \cdot \overline{AA'} \text{（有心錐線）}$$

（K 為過 Q 且平行於 $\overline{AA'}$ 之直線與 $\overline{BC}$（延線）之交點。）

因為 A 不限為對稱軸的端點，這些公式也可稱為阿波氏公式（註4）。我們會在 4.3 節說明此 $\overline{AL}$ 是正焦弦之推廣。

剛好　不足　超過

拋物線公式 $\overline{PM}^2 = \overline{AL} \cdot \overline{AM}$ 可解釋為：以 $\overline{PM}$ 為一邊之正方形面積，等於以 $\overline{AL}$, $\overline{AM}$ 為邊的長方形面積。阿波氏的有心錐線公式可改寫為

$$\overline{PM}^2 = \frac{\overline{AL}}{\overline{AA'}} \cdot \overline{AM} \cdot \overline{A'M} = \frac{\overline{A'M}}{\overline{AA'}} \cdot \overline{AL} \cdot \overline{AM}$$

橢圓時，$\frac{\overline{A'M}}{\overline{AA'}} < 1$，所以正方形面積 $(\overline{PM}^2)$ 比長方形面積 $(\overline{AL} \cdot \overline{AM})$ 小；而雙曲線時，$\frac{\overline{A'M}}{\overline{AA'}} > 1$，正方形面積就大於長方形

面積。阿波氏就根據這樣的性質，把這三類截痕命名為 parabola（剛好），ellipse（不足）及 hyperbola（超過）。

等到這些洋數學傳到東方，就把 parabola 譯成拋物線，因為那時候已經知道它是拋物運動的軌跡；把 ellipse 譯成橢圓，因為它是扁扁的圓；把 hyperbola 譯成雙曲線，因為它有兩支曲線。如果不知道古典幾何的想法，直譯成剛好線、不足線及超過線，就不知所云了。

2.3 點焦連線

有心錐線的兩點焦連線，有兩個非常重要的性質：兩連線長之和（或差）為定長；兩連線與該點的切線成等角。

錯失準線

我們說過，阿波氏的著作中未曾提到準線，而後來的帕普斯卻說，阿波氏之前的歐幾里德就有準線，而且證明了

$$點焦距 / 點準距 = \varepsilon$$

的關係。

其實，由這個關係式，很快就可以導得有心錐線的兩點焦距之和（或差）是定長的。我們以橢圓為例來說明：設 A, A' 為長軸的兩頂點，F, F' 為相應兩焦點，P 為橢圓上一點，$\overline{PD}, \overline{PD'}$ 為 P 到兩準線的距離，則 $\overline{PF} = \varepsilon\overline{PD}, \overline{PF'} = \varepsilon\overline{PD'}$，所以

$$\overline{PF} + \overline{PF'} = \varepsilon\overline{DD'} = \overline{AA'}。$$

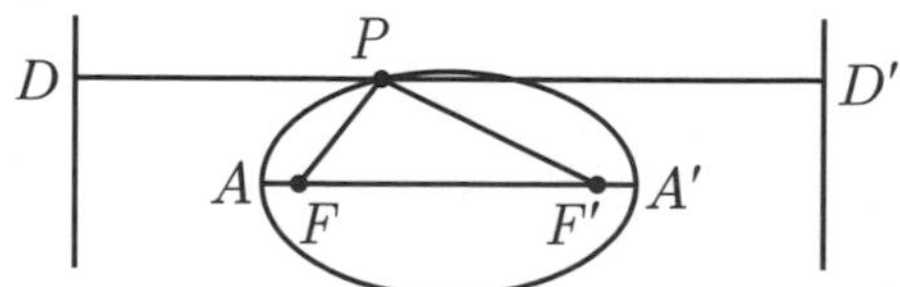

點焦連線

既然阿波氏沒提到準線，兩點焦距之和（或差）結果的導出就要另起爐灶了。數學史家 Thomas Heath（二十世紀）在其巨著《希臘數學史》(*A History of Greek Mathematics*) 中，略述了阿波氏導出結果的步驟。最讓我吃驚的是，阿波氏先導出切線與兩點焦連線成等角的結果，再據之導出點焦距之和（或差）為定長。而現代人採用坐標法，點焦距之和（或差）為定長成了定義，要反過來，由此定義導出等角的關係，就如我們在 1.2 節所做的。

推論順序

Heath 提到，阿波氏由焦點的定義（$\overline{AF}\cdot\overline{A'F}=\overline{AF'}\cdot\overline{A'F'}=\overline{AO}\cdot\overline{AE}$，參考 2.1 節）出發，考慮過橢圓上一點 P 的切線，它交過長軸兩端 A, A' 的切線於 G, G'。而 Q 為 $\overline{FG'}$ 與 $\overline{GF'}$ 的交點。阿波氏推論的結果依序為

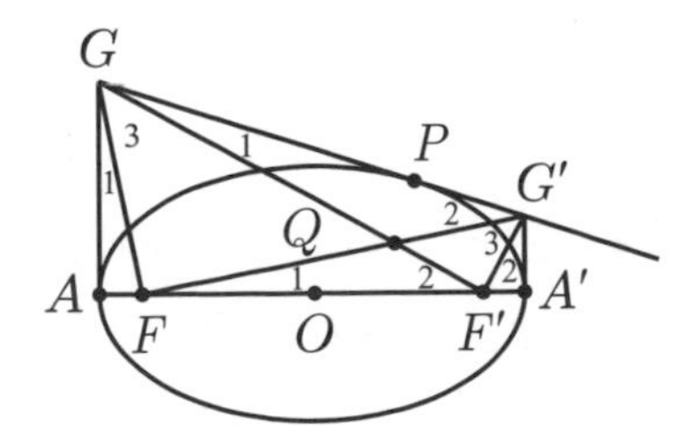

(1) $\overline{AF}\cdot\overline{A'F}=\overline{AF'}\cdot\overline{A'F'}=\overline{AG}\cdot\overline{A'G'}$。

(2) $\angle GFG'=\angle GF'G'=90^\circ$。

(3)所有的 $\angle 1$（或 $\angle 2$ 或 $\angle 3$）是相等的，且 $\angle 1+\angle 2+\angle 3=90^\circ$。

(4) $\overline{QP}$ 垂直於 $\overline{GG'}$。

(5) $\angle FPG=\angle F'PG'$。

(6) F, F' 到 $\overline{GG'}$ 的垂足 R, R' 都在以 $\overline{AA'}$ 為直徑的圓上。

(7) $\overline{OR}$, $\overline{OR'}$ 分別平行於 $\overline{PF'}$, $\overline{PF}$。

(8) $\overline{PF}+\overline{PF'}=\overline{AA'}$。

切線定理

阿波氏研究切線很有心得，其中一個重要定理為：如圖，$\overline{TK}$, $\overline{TL}$ 為切線，兩弦 $\overline{UV}$, $\overline{XY}$ 分別與 $\overline{TK}$, $\overline{TL}$ 平行。兩弦交於 Z，則 $\overline{TK}^2:\overline{TL}^2=\overline{UZ}\cdot\overline{VZ}:\overline{XZ}\cdot\overline{YZ}$。

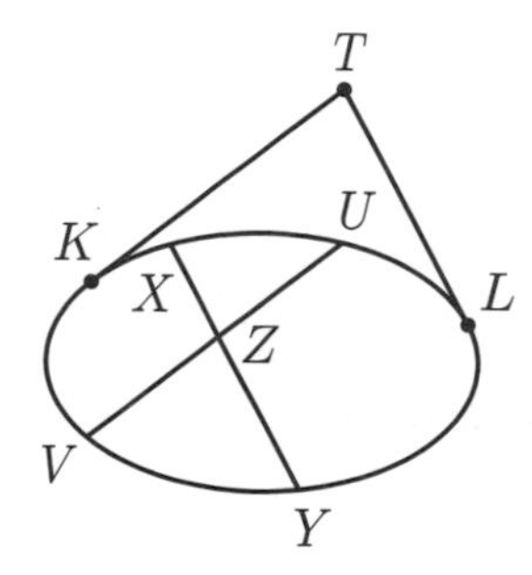

當橢圓為圓時，$\overline{TK}=\overline{TL}$，定理就回到圓內兩弦相交的情形。所以本定理可視為圓冪定理到橢圓的推廣。如果 $\overline{UV}$, $\overline{XY}$ 都為直徑，則得到特殊情形：$\overline{TK}:\overline{TL}=\overline{UV}:\overline{XY}$。(在 4.3 節，我們會在註 3 中提示切線定理的現代證明法。)

檢驗推論

由切線的研究，從焦點的定義，阿波氏很快可導出結果(1)(阿波氏證明 $\overline{AG}\cdot\overline{A'G'}=$ 半短軸$^2=\overline{AF}\cdot\overline{A'F}$；參見第 4 篇註 3)。由結果(1)，經由相似形，很快就能導出結果(2)及(3)。如果結果(4)已確認，結果(5)馬上可導得(都等於 $\angle 1+\angle 2$)。從角的關係，很快

導得 $\angle ARA' = \angle AR'A' = 90°$，即結果(6)。結果(7)也是從角的關係可導得。因為 $\overline{OR} + \overline{OR'} = \overline{AA'}$，結果(8)也很簡單。

結果(4)的導得

所以整個論點的難處在於結果(4)的導得。我認為過程應該是這樣的：設 $\overline{GF}$, $\overline{G'F'}$ 的延線交於 S，則 $\overline{GF'}$, $\overline{G'F}$ 為 $\triangle SGG'$ 的兩垂線，所以 Q 為 $\triangle SGG'$ 的垂心。另一垂線 SP' 必過 Q 點。只要證明 P' 與 P 重合即可。

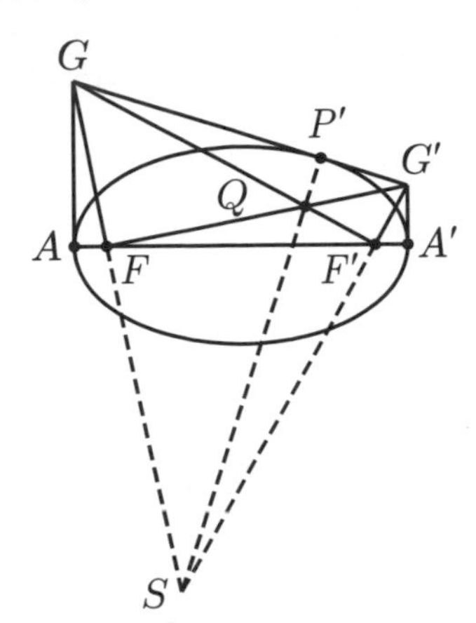

由於 $\triangle QP'G$ 與 $\triangle FAG$ 相似，$\triangle QP'G'$ 與 $\triangle F'A'G'$ 相似，可得

$$\frac{\overline{GP'}}{\overline{QP'}} = \frac{\overline{AG}}{\overline{AF}},\quad \frac{\overline{G'P'}}{\overline{QP'}} = \frac{\overline{A'G'}}{\overline{A'F'}}$$

兩式相除，即得（注意 $\overline{AF} = \overline{A'F'}$）

$$\frac{\overline{GP'}}{\overline{G'P'}} = \frac{\overline{AG}}{\overline{A'G'}}$$

然而由前面提到的切線定理，馬上知道上式的 P' 換成切點 P，等式也是成立的：

$$\frac{\overline{GP}}{\overline{G'P}} = \frac{\overline{AG}}{\overline{A'G'}}$$

所以 P' 與 P 其實是同一點的。

如果沒有這一序列結果的引導，想用古典的幾何方法，由焦點的定義導出切線與兩點焦連線的等角關係，再由等角關係導出兩點焦連線長為定和（或差），恐怕不是一件容易的事。

《圓錐截痕》

阿波氏的《圓錐截痕》內容豐富，還包括法線、漸近線、給條件（譬如直徑與共軛直徑的交角及標尺）作截痕、相等或相似的截痕、極點與極軸、調和點列等。不過，還是再強調一次，阿波氏的書上找不到準線。

三（四）線問題

阿波氏還研究三（四）線問題，因為答案正好與圓錐截痕相關。問題是這樣的：平面上有三條直線，請決定平面上所有的點，使得該點到此三條直線的距離 d_1, d_2, d_3，有如下的關係：

$d_1^2 = kd_2d_3$。（k 為常數；公式的意義要從面積的觀點來看。）

比較上面的關係式與阿波氏公式 $\overline{PM}^2 = \frac{\overline{AL}}{\overline{AA'}} \cdot \overline{AM} \cdot \overline{A'M}$，軌跡會是圓錐截痕自然就不稀奇。三條直線也可以改成四條，關係式改為 $d_1d_2 = kd_3d_4$。距離也可改為點到直線的斜角距離（斜角大小一定）。

阿波氏的解法很複雜，一時之間不容易看出它的道理。一直要到坐標的代數方法成熟，問題才變得簡單：d_i 都是一次式，所以關係式為二次方程式，軌跡當然是錐線了。

2.4 冰淇淋筒定理

希臘人研究圓錐截痕，得到表徵這些截痕的幾何性質，包括兩（斜）坐標長度之間的關係，點焦距與點準距成正比，切線性質，以及有心截痕兩點焦距之和（或差）為定長，等等。

雖然這些結果很有幾何意義，導出的過程也只用長度、長度比、面積、面積比等幾何方法，但過程太長，轉折太多，我們實在無法從這些過程中，感受到最後結果之必然性。

驚訝

阿波氏的圓錐截痕研究，相當複雜而透徹。阿波氏之後，圓錐截痕的研究幾乎無以為繼。一直到十九世紀初，兩位比利時數學家 Adolphe Quetelet（1796～1874 年）及 Germind Dandelin（1794～1847 年）提出冰淇淋筒定理，很簡單的證明點焦距與點準距成正比，以及有心截痕的兩點焦距之和（或差）為定長。這兩個性質其實是截痕很簡單的結果。大家很驚訝，這麼簡單的結果，阿波氏居然漏掉了。

焦點與準線

假設以 Q 為頂點的直圓錐內，擺進一圓球，則圓錐與圓球相切於一圓 O。假定有一平面 π'，與圓球相切於 F，且與圓 O 所在的平面 π，相交於一直線 d。我們要證明，F 與 d 為平面 π' 與圓錐相截截痕的焦點與準線。

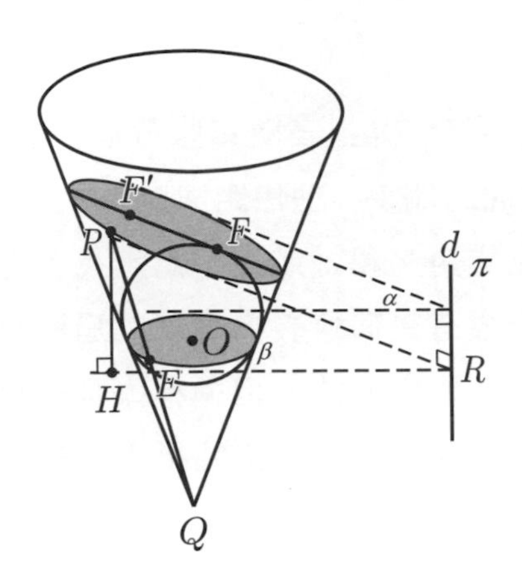

角度決定截痕

假定 P 為截痕上一點，連線 $\overline{PQ}$ 交圓 O 於 E。設平面 π' 與 π 的交角為 α，圓錐的母線（如 $\overline{PQ}$）與平面 π 的交角為 β。設 P 到平面 π 的垂足為 H，H 到直線 d 的垂足為 R，則 $\overline{PR}$ 為 P 到 d 的垂線（三垂線引理），而 $\angle PRH=\alpha$。$\overline{PE}=\overline{PF}$，因為兩者同為圓球之切線。如此則

$$\overline{PR}\sin\alpha=\overline{PH}=\overline{PE}\sin\beta=\overline{PF}\sin\beta$$

亦即

$$\frac{\overline{PF}}{\overline{PR}}=\frac{\sin\alpha}{\sin\beta}=\varepsilon$$

這就是點焦距與點準距有定比的性質，而 F 與 d 自然是焦點與準線。

$\alpha=\beta$ 時 $(\varepsilon=1)$，平面 π' 與一母線平行，截痕為拋物線。$\alpha<\beta$ 時 $(\varepsilon<1)$，平面 π' 會與所有母線相交，截痕為橢圓。$\alpha>\beta$ 時 $(\varepsilon>1)$，平面 π' 較陡，會交到圓錐的另一支，截痕為雙曲線。

點焦距

截痕為橢圓時，在圓錐內、平面 π' 之上，可再擺上一適當大小的圓球，使之與 π' 相切於一點 F'，並與圓錐相切於一圓 O'。假設 $\overline{PQ}$ 交 O' 於 E'，則 $\overline{PE'}=\overline{PF'}$，因為兩者都是這個圓球的切線。於是

$$\overline{PF}+\overline{PF'}=\overline{PE}+\overline{PE'}=\overline{EE'}$$

為定長，與 P 點無關。這就證明了橢圓的兩點焦距之和為定長。

雙曲線時，平面 π' 也會截到圓錐的另一支，此時圓球要擺在平面 π' 與圓錐的另一支之間，就可證明兩點焦距之差為定長。

把圓錐想像成冰淇淋筒 (icecream cone)，把圓球想像成冰淇淋，平面 π' 想像成餅乾，是不是整個定理更有實體感？兩千年前沒有冰淇淋，也許阿波氏因而沒有福分想到冰淇淋筒定理。

註

1. 這一部分取材自 Thomas Heath 的 *A History of Greek Mathematics* (Dover), XIV。
2. 可參閱 Howard Eves 的 *An Introduction to the History of Mathematics* (Holt, Rinehart and Winston)，第 6 章的習題。
3. 此處假定 F 在 A 與 M 之間。如果 M 在 A 與 F 之間，則(5)(6)兩等式的右邊要互換，最後的結果還是一樣。
4. 我們省去阿波氏公式的古典證明。在 4.3 節，我們會用參數坐標證明之。

第三篇　重現

十七世紀，克卜勒的行星運動定律、牛頓的萬有引力，讓圓錐截痕轉到天文、物理的舞臺，重新現身。數學家也忙著將圓錐截痕換上坐標的新妝，為其注入動力，使其足以承擔了解新天文的角色。

3.1 克卜勒行星運動

從十六世紀末到十七世紀初，克卜勒接受哥白尼的太陽中心說，研究行星運動，發現火星的軌道不是圓形，就算不把太陽擺在圓心也不對。經過百般嘗試，最後找到的行星軌道居然是個橢圓。早已被人遺忘的圓錐截痕，再次為數學家所注意；其後費瑪引進坐標，重新開始研究圓錐截痕，並不是偶然的事件。

面積律的浮現

起先克卜勒注意到，火星的運動不像是等速圓周運動。但他發現，如果把太陽放在非圓心的某一特定點上，再把圓形軌道分成若干小段，火星在每小段上運行的時間相等，那麼太陽在每小段圓弧所張的面積，似乎是相等的。有一陣子，他以為圓形軌道，再加上面積律，就能夠掌握到火星的運行法則。

橢圓軌道

不過他再三仔細查驗數據，發現這樣的結論是不對的，於是放棄了圓做為火星之運行軌道的想法。他從古典幾何的文獻中，找出各種卵形曲線，一一嘗試做為運行模型，最後確認橢圓可做為火星，甚至任一行星的運行軌道。而且如果把太陽放在橢圓的一個焦點，面積律仍是成立的。

行星三大運動定律

1609 年克卜勒發表了行星運動的兩大定律。

一、**軌道律**：行星運行的軌道為一橢圓，太陽居於其一焦點。

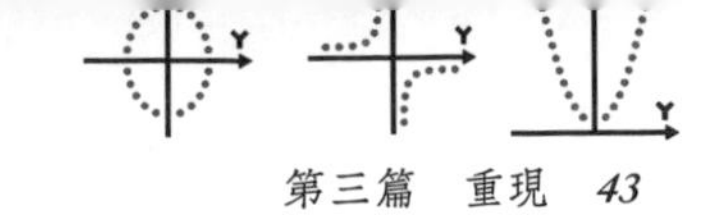

二、**面積律**：在相同的時間內，行星與太陽連線掃過相同的面積。

再過十年，克卜勒發表第三運動定律。

三、**週期律**：設橢圓軌道的半長軸為 a，行星運行週期為 T，則 a^2/T^3 之值對所有的行星都相同。

非等速運動

古代的天文學都離不開圓，星球運動離不開等速圓周運動，或幾個這種運動的合成。誰會想到圓錐的截痕橢圓呢？

隨著軌道之為橢圓而來的運動絕非等速的，古典的數學有辦法處理嗎？奇蹟就發生在克卜勒手中，他不但找到橢圓做為軌道（軌道律），而且提供了還算簡單的運動定律（面積律）。

拼湊數據

不過克卜勒的行星運動定律，都是靠拼湊數據得到的。面積要怎麼算？微積分還待出生，他只能用估算的方法：把時間的單位 Δt 取得小，因此行星走過的弧長 Δs 也很小，行星與太陽的距離 r 幾乎沒有改變。因此 Δs 與其在太陽 F 所張的角 $\Delta\theta$ 所圍的圖形，可看成是圓的一個小扇形，而得 $\Delta s = r\Delta\theta$，且

$$\text{扇形面積} \doteqdot \frac{1}{2}r^2\Delta\theta \doteqdot \frac{1}{2}r\Delta s$$

（這裡的 θ 自然是以弧度為單位。）克卜勒就靠著這樣的估算，從數據中拼湊出面積律。

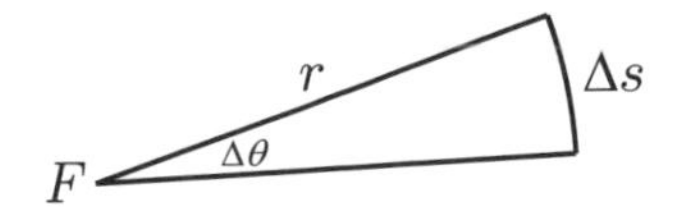

等待牛頓

伽利略曾經送了一架望遠鏡給克卜勒。克卜勒把望遠鏡對準伽利略喜歡的木星及其衛星系統，發現這是個小太陽系，用木星代替太陽，用衛星代替行星，他自己的三個定律依然成立。

克卜勒的三個運動定律把整個太陽系都連在一起，木星系統與太陽系統，在運動方面有這麼類似的表現，這些都讓人驚訝，顯然背後還存有更基本的道理。這就是牛頓的萬有引力，而要處理好物理，幾何坐標化及微積分的發展是不可或缺的（註 1）。

3.2 坐標幾何興起

克卜勒的行星運動定律，及伽利略拋物運動的研究，使得塵封已久的圓錐截痕重出江湖。

費瑪的觀點

十七世紀上半，費瑪（Fermat，1601～1665 年）研讀阿波氏的《圓錐曲線》，注意到阿波氏確立了兩共軛方向上長度間的關係，然後據之再做進一步的分析。費瑪把這樣的想法代數化，首先設立了兩方向的坐標。坐標是數，可做任何代數運算，不再像古希臘的數學，坐標是長度，只能做幾何式的運算（長度、面積、比例等）。從代數的觀點，古希臘研究的直線為一次方程式，圓、圓錐截痕為二次方程式。超過二次通常就會失去尺規作圖規範內的幾何意義。有了代數式的坐標，費瑪可更自由研究圓錐曲線，而且數學要往高次曲線研究也成為可能。

笛卡兒的觀點

十七世紀上半，另一位數學家笛卡兒（Descartes，1596～1650 年）也提出了代數坐標的想法，但他的觀點是提供辦法來解決既有的幾何問題。把幾何的問題轉化成為解代數方程式的問題。解了代數方程式，就解決了原來的幾何問題。

譬如要求橢圓 $y^2 = 2px - \frac{p}{a}x^2$ 上一點 $P(x_0, y_0)$ 的法線，他假定法線交長軸於 Q 點。設 $\overline{PQ}$ 之長為 r，H 為 P 到長軸的垂足。則 H 之坐標為 $(x_0, 0)$，Q 之坐標為 $(x_0 + \sqrt{r^2 - y_0^2}, 0)$。

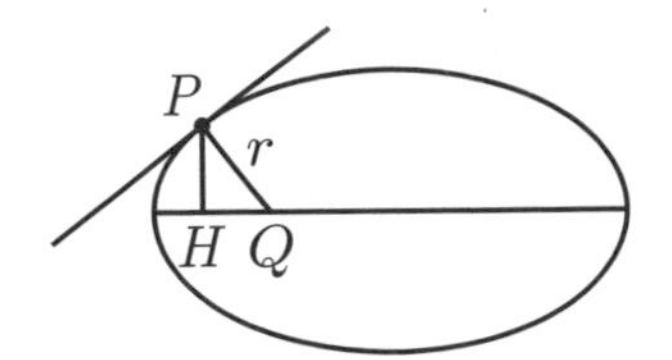

以 Q 為圓心，r 長為半徑作圓，則因 $\overline{PQ}$ 為法線，此圓與橢圓交點 P 的坐標，不但是兩相應方程式

$$(x - (x_0 + \sqrt{r^2 - y_0^2}))^2 + y^2 = r^2,\ y^2 = 2px - \frac{p}{a}x^2$$

的共同解，而且是重根。兩方程式消去 y 後，得 x 的二次方程式為

$$(1 - \frac{p}{a})x^2 - 2(x_0 + \sqrt{r^2 - y_0^2} - p)x + x_0^2 - y_0^2 + 2x_0\sqrt{r^2 - y_0^2} = 0$$

此方程式有重根的條件為

$$(x_0 + \sqrt{r^2 - y_0^2} - p)^2 = (1 - \frac{p}{a})(x_0^2 - y_0^2 + 2x_0\sqrt{r^2 - y_0^2})$$

它是 r^2 的二次方程式，因此 r 之大小可確定。

其實用幾何方法解此題，只要路走對了，先求切線，然後求法線，過程就很簡單。相對而言，代數方法的順序非常有邏輯，但計算較為複雜。

驗證

回到 2.3 節，阿波氏要得到兩點焦距之和為定長的例子。當時我想要用古典幾何方法，一一驗證所列的八個結果。我遇到最大的困難是結果(4) $\overline{QP}$ 垂直於 $\overline{GG'}$。從圖示，我自然想要證明 $\triangle GPQ$ 與 $\triangle GAF$ 相似，或者 F, G, P, Q 共圓，但花了很多時間，還是得不到結果。

古典幾何的方法一時無效，不免就想用坐標的方法來驗證。於是用所謂的標準式 ($\frac{x^2}{a^2}+\frac{y^2}{b^2}=1$) 來代表橢圓，長軸頂點與焦點各為 $A(-a,\ 0)$, $A'(a,\ 0)$, $F(-c,\ 0)$, $F'(c,\ 0)$。我知道過點 $P(x_0,\ y_0)$ 切線的斜率 ($=-\frac{b^2x_0}{a^2y_0}$)，所以也就知道切線的方程式 ($y=y_0-\frac{b^2x_0}{a^2y_0}(x-x_0)$)。將它與過 A 點的切線方程式 ($x=-a$) 聯立，就得 G 的坐標為 $(-a,\ \frac{b^2}{ay_0}(a+x_0))$；同理可得 G' 的坐標為 $(a,\ \frac{b^2}{ay_0}(a-x_0))$。將 G, G' 的 y 坐標相乘，就得 $\overline{AG}\cdot\overline{A'G'}=b^2=\overline{AF}\cdot\overline{AF'}$，正是結果(1)。

已經知道 G 與 F' 的坐標，就得到 $\overline{GF'}$ 的直線方程式 ($y=\frac{-b^2(a+x_0)}{ay_0(a+c)}(x-c)$)。同樣我也可以得到 $\overline{G'F}$ 的直線方程式 ($y=\frac{b^2(a-x_0)}{ay_0(a+c)}(x+c)$)。將此兩方程式聯立，就得交點 Q 的坐標 ($\frac{cx_0}{a}$, $\frac{cy_0}{a+c}$)。如此可得 $\overline{QP}$ 的斜率 ($=\frac{a^2y_0}{b^2x_0}$)，它與 $\overline{GG'}$ 的斜率

$(=-\dfrac{b^2x_0}{a^2y_0})$ 相乘，剛好是 -1。賓果！我驗證了 $\overline{QP}$ 與 $\overline{GG'}$ 互相垂直。

當然，阿波氏不會承認我的驗證，因為我的出發點為橢圓的標準式，但它是由兩點焦距之和為定長的性質導引出來的，而此性質正是阿波氏想要證明的。

不同

我舉這個例子，只是要說明代數方法與幾何方法是那麼不同。代數方法是直線進行，不繞彎，但要做很多計算。不過計算過程中出現的量，都不必用幾何觀點來詮釋其意義，譬如 Q 點 y 坐標 $\dfrac{cy_0}{a+c}$ 的分子 cy_0、分母 $a+c$ 的幾何意義為何，兩者相除又為什麼是 Q 點的 y 坐標？

幾何方法卻要繞個彎，請出了 $\triangle SGG'$，並認定 Q 為其重心。可是路一旦走對了，幾何方法通常比較簡單。不過，幾何方法通常只適用於一、二次（方程式），一旦要往高次發展，只有靠代數（分析）的方法。坐標幾何自有一番新的天地。

3.3 牛頓萬有引力

十七世紀上半葉，克卜勒提出了行星三大運動定律，另外伽利略研究拋物運動，這樣物理進入了動力學的時代，而輔助的數學工具居然是圓錐曲線。

平方反比律

牛頓研讀了他們的著作，覺得應該用引力的觀念，做為這些運動的共同主因。首先他要確立引力與距離之間的關係，於是想到把克卜勒的週期律用到月亮繞地球幾乎是等速圓周的運動。假定此圓周運動的半徑為 a，週期為 T，則依週期律，$T^2/a^3=k$ 為常數。另外，角速度為 $\omega=\frac{2\pi}{T}$，再假設月球的質量為 m，那麼向心力要為

$$ma\omega^2=ma(\frac{2\pi}{T})^2=4\pi^2ma/T^2=\frac{4\pi^2m}{k}\cdot\frac{1}{a^2}$$

所以牛頓認為，引力應與距離的平方成反比。

為了確認平方反比律，牛頓計算了月球的向心加速度 $a\omega^2$，看它是否等於地球表面之物體的向心加速度 9.8 公尺／秒^{2}的 60^2 分之一，因為自古就已確定，月地距離約為地球半徑的 60 倍。可惜當時所知之地球半徑長並不準確，害得牛頓不敢發表他的萬有引力學說。後來他得知有人得到準確的地球半徑值，經用到他的計算中，總算確然了平方反比律。

向心律與面積律

另外，牛頓很自然假定，一物體對另一物體所施之引力，應在兩物的連線且朝著施力物體的方向上。此所謂**向心力**；引力是向心的，就稱為**向心律**。假定了向心律，牛頓用簡單的古典幾何，馬上證明了行星運行應遵守面積律。反過來由面積律也可推得引力是向心的。換句話說，向心律與面積律是相當的。

平方反比律與軌道律

更進一步，假定了向心律（面積律），牛頓用古典幾何證明了（引力的）平方反比律與軌道律是相當的。這是了不起的成就，不過在他的著作中，「相當」的證明，卻不是不熟悉古典幾何的現代人所能看懂的。

二十世紀下半葉的大物理學家 Feymann（1917～1987 年），也有這樣的困擾。不過他自己倒是想到一個用古典幾何來證明的方法。他最後居然用到本書 1.3 節所講橢圓折紙那樣的圖形，得到所要的結果（註 2）。

微積分

牛頓的萬有引力之所以使人服氣，就在於用到行星運動時，他能證明萬有引力與克卜勒的三大定律是可以互導的。

在牛頓的著作中，他用古典幾何處理引力的問題，因為古典幾何是當時的數學語言。也就在這時代，坐標的數學語言興起，牛頓更以之發展了新的分析工具──微積分，用來處理動力學就更為流暢。我們將在 4.4 節，簡單介紹用微積分處理萬有引力與行星運動定律之互導的大方向。

另外，值得一提的是，牛頓也導出了地球實際上是橢圓旋轉面這一事實（註 3）。

註

1. 本節可參閱曹亮吉的《阿草的數學天地》(天下)，3.2 節。
2. 詳情請參閱前揭之書的 1.3 節。
3. 詳情請參閱前揭之書的 4.4 節。

第四篇　坐標

用坐標，我們可以把幾何量變成代數式，幾何關係翻譯成方程式，於是圓錐截痕化身為二次方程式。反過來，在 4.2 節我們要分析一般的二次方程式代表的是怎樣的曲線。在 4.3 節，我們將有心圓錐曲線的坐標參數化，使得相關的計算簡化了。在本篇的最後一節，則考慮直角坐標外的另一坐標系統——極坐標，它在處理行星運動時，讓人更能得心應手。

4.1 坐標幾何大要

坐標幾何的祕訣，就是要把基本的幾何性質，轉成為代數的關係式。為此，我們在本節另立專欄，做簡單的複習，以供參考。底下，我們就直接進入圓錐曲線。

圓錐曲線

圓錐截痕用坐標方法來呈現的出發點可有兩個：

點焦距／點準距 = ε（三類截痕）

或者

點焦距之和（或差）為定長（有心圓錐截痕）。

設焦點之一的坐標為 $(x_0,\ y_0)$，相應準線為 $ax+by+c=0$，則點焦距／點準距 = ε 的幾何性質，用坐標的代數方程式來呈現就是

$$\frac{\sqrt{(x-x_0)^2+(y-y_0)^2}}{|ax_0+by_0+c|/\sqrt{a^2+b^2}}=\varepsilon$$

經平方後再整理，就得 $x,\ y$ 的二次方程式。這樣得到的二次方程式通常不會很簡單。選適當的坐標系統，可讓方程式簡化。譬如橢圓時，選兩焦點連線的中點為坐標的原點，長軸所在的直線為 x 軸。設一焦點坐標為 $(c,\ 0)$，相應準線為 $x=\dfrac{a^2}{c},\ a>c$，就得常見的橢圓標準式

$$\frac{x^2}{a^2}+\frac{y^2}{b^2}=1 \quad (b^2=a^2-c^2)$$

如果是有心圓錐截痕，要用兩點焦距之和（或差）為定長做為定義時，通常選兩焦點為 $(c,\ 0),\ (-c,\ 0)$，定長為 $2a$，就得標

準式

$$\frac{x^2}{a^2} \pm \frac{y^2}{b^2} = 1$$

（橢圓時 $b^2 = a^2 - c^2$，雙曲線時 $b^2 = c^2 - a^2$。）

拋物線時，可選焦點為 $(\frac{p}{2}, 0)$（或 $(0, \frac{p}{2})$），準線為 $x = -\frac{p}{2}$（或 $y = -\frac{p}{2}$），就得標準式

$$y^2 = 2px \text{（或 } x^2 = 2py\text{）。}$$

$2p$ 為過焦點且垂直於對稱軸的弦長，稱為正焦弦（長）。

切線斜率

回到有心圓錐截痕，以橢圓為例，要得到過橢圓上一點 $P(x_0, y_0)$ 之切線斜率 m，可把 $\overline{PF}$ 的斜率 $m_1 = \frac{y_0}{x_0 - c}$、$\overline{PF'}$ 的斜率 $m_2 = \frac{y_0}{x_0 + c}$，代入

$$\frac{m_2 - m}{1 + m_2 m} = \frac{m - m_1}{1 + m m_1}$$

中（等式代表圖中做了記號的兩個角，其正切值是相等的；可參閱專欄的(6)），解得 $m = -\frac{b^2 x_0}{a^2 y_0}$。

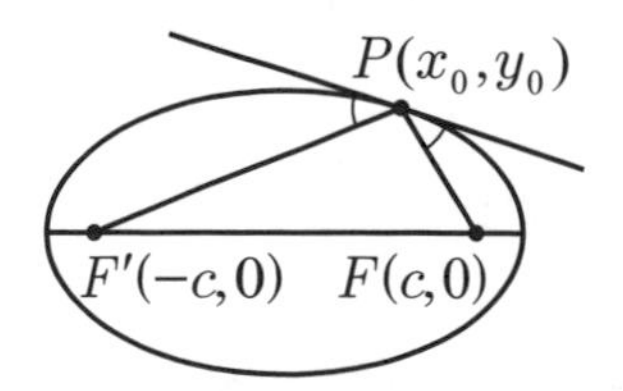

平行弦

再來證明阿波氏所說的橢圓平行弦性質。他說，一組平行弦的中點都會在一直徑上，而此直徑兩端點的切線，與此組平行弦也都平行。

設 $y = mx + d$ 為這組平行弦（m 不變，d 變動），它與橢圓方程式 $\frac{x^2}{a^2} + \frac{y^2}{b^2} = 1$ 聯立，消去 y^2 得 x 的二次方程式

$$(\frac{1}{a^2} + \frac{m^2}{b^2})x^2 + \frac{2md}{b^2}x + \frac{d^2 - b^2}{b^2} = 0$$

設 $(x_1, y_1), (x_2, y_2)$ 為弦與橢圓的兩交點，則弦中點的 x 坐標為

$$x = \frac{x_1 + x_2}{2} = -\frac{md}{b^2} \Big/ (\frac{1}{a^2} + \frac{m^2}{b^2}) = -\frac{ma^2d}{a^2m^2 + b^2}$$

而 y 坐標則為

$$y = \frac{y_1 + y_2}{2} = m\frac{x_1 + x_2}{2} + d = \frac{b^2d}{a^2m^2 + b^2}$$

所以中點在直徑

$$\frac{y}{x} = -\frac{b^2}{a^2m}$$

上；它與代表各別弦的 d 值無關。此直徑端點的橢圓切線斜率為

$$-\frac{b^2x}{a^2y} = m$$

與原來平行弦的斜率都相同。

到此為止，坐標方法似乎很不錯。但用它來面對阿波氏的斜角坐標問題，可想而知，計算量會大到不勝負擔。我們要等到 4.3 節時，引進參數來解決計算的問題。

用坐標來處理，圓錐截痕的截痕完全沒有痕跡，這三類曲線就改稱為圓錐曲線或二次曲線了。

專欄：坐標幾何之複習

⑴直角坐標

通常用的是直角坐標。它的最大好處是，兩點 (x_1, y_1), (x_2, y_2) 之間的距離有較簡單的公式 $\sqrt{(x_1-x_2)^2+(y_1-y_2)^2}$（畢氏定理）。

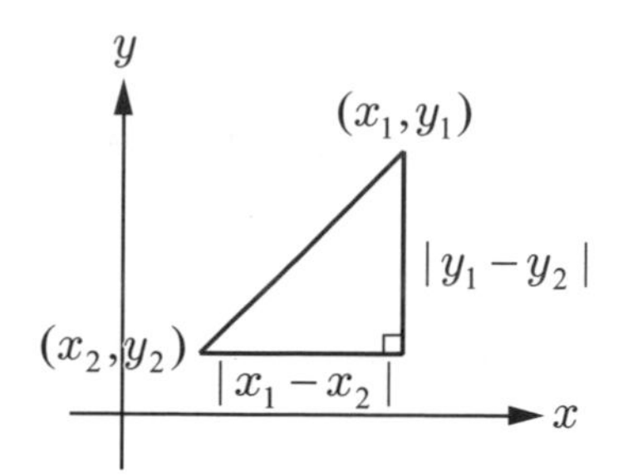

⑵直線方程式（斜截式）

設正 x 軸轉到直線的角度為 θ；逆時鐘方向轉者為正，順時鐘方向轉者為負。θ 限在 $-90°$ 與 $90°$ 之間。$m=\tan\theta$ 稱為直線的斜率。$\theta=\pm 90°$ 者，直線為 $x=$ 常數。除此之外，設直線截 y 軸於 $(0, d)$，如圖所示，

$$m=\tan\theta=\frac{y-d}{x}$$

即直線的方程式為 $y=mx+d$。

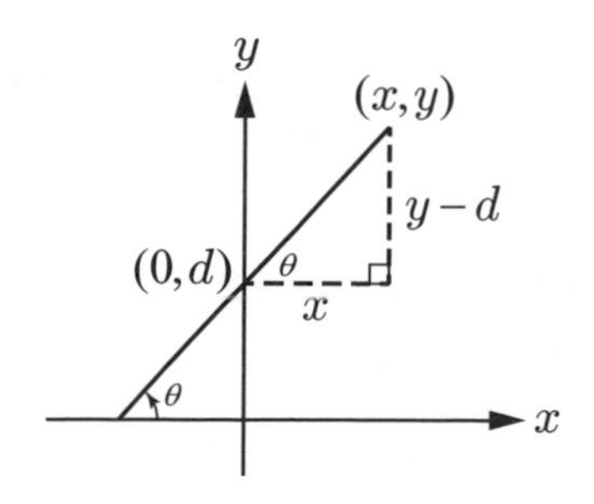

如果直線截 x 軸（非 y 軸）於 $(d, 0)$，則直線為 $y = m(x - d)$。固定 m 不變，讓 d 變動，則得一組互相平行的直線。

⑶直線方程式（點斜式）

已知斜率為 m，且過一點 (x_0, y_0)。設直線為 $y = mx + d$，則 $y_0 = mx_0 + d$。兩式相減就得直線方程式為 $y = y_0 + m(x - x_0)$。

⑷直線方程式（兩點式）

如果直線過 $(x_1, y_1), (x_2, y_2)$ 兩點，則因 $m = \dfrac{y_2 - y_1}{x_2 - x_1}$，所以直線方程式為

$$y = y_1 + \frac{y_2 - y_1}{x_2 - x_1}(x - x_1)$$

⑸直線方程式（一般式）

綜合⑵⑶⑷，一般直線的方程式可寫成為 $ax + by + c = 0$，a, b 不能全為 0。$b \neq 0$ 時，斜率為 $-\dfrac{a}{b}$；$b = 0$ 時，斜角為 $\pm 90°$。

⑹兩直線的交角

設兩直線的斜率為 m_1, m_2，斜角為 θ_1, θ_2，則由第一條直線轉到第二條直線的交角 $\theta = \theta_2 - \theta_1$，其正切值 m 為

$$m = \tan\theta = \tan(\theta_2 - \theta_1) = \frac{m_2 - m_1}{1 + m_2 m_1}$$

⑺兩直線互相垂直的條件

設兩直線的斜率為 m_1, m_2，則兩直線互相垂直（即 $\theta = \pm 90°$）的條件為 $m_1 m_2 = -1$。

⑻點到直線的距離

設點為 $P(x_0, y_0)$，直線為 $ax + by + c = 0$。設 $b \neq 0$，P 到直線的垂足為 R，而過 P 點且平行於 y 軸的直線交直線於 Q，則 Q

的坐標為 $(x_0, -\frac{a}{b}x_0 - \frac{c}{b})$，且 $\angle QPR = \theta$。因為 $\tan\theta = -\frac{a}{b}$，所以

$$距離 = \overline{PR} = \overline{PQ}\cos\theta = \frac{\left|y_0 + \frac{a}{b}x_0 + \frac{c}{b}\right|}{\sqrt{1+\tan^2\theta}} = \frac{|ax_0 + by_0 + c|}{\sqrt{a^2+b^2}}$$

$b = 0$ 時，可驗證上述的距離公式也是對的。

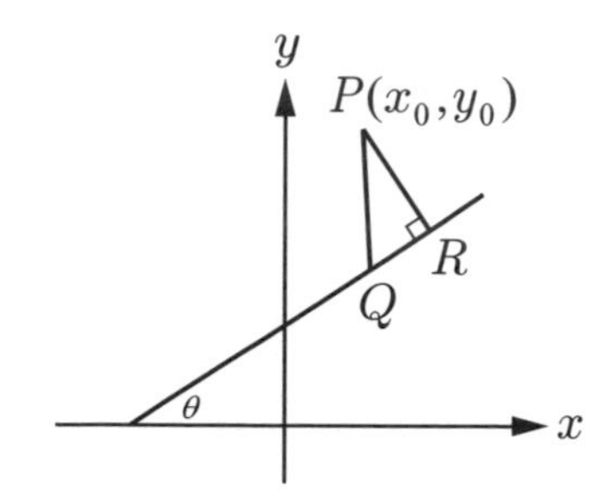

⑼兩平行線之間的距離

設 $y = mx + d_1$, $y = mx + d_2$ 為平行的兩直線，θ 為共同之斜角。如圖所示，它們之間的距離為

$$|d_1 - d_2|\cos\theta = \frac{|d_1 - d_2|}{\sqrt{1+m^2}}$$

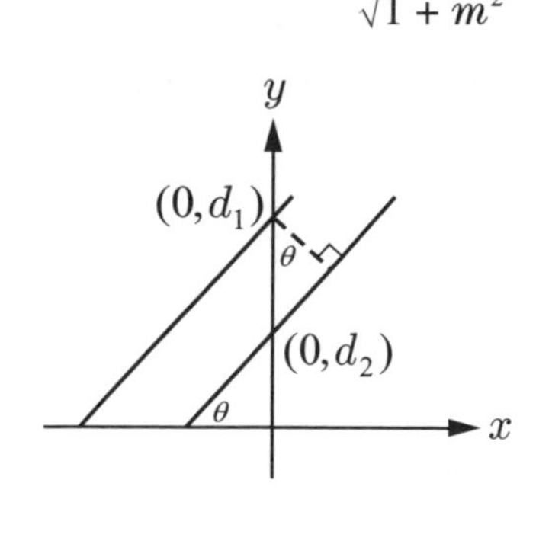

⑽圓

圓心為 (x_0, y_0)，半徑為 r 的圓方程式為

$$(x - x_0)^2 + (y - y_0)^2 = r^2$$

（圓上任一點 (x, y) 到圓心 (x_0, y_0) 的距離為定長 r。）

⑾交點

兩不平行直線的交點，就是此兩直線方程式的共解（一定有唯一的解）。一直線與一圓的交點，就是此直線方程式與圓方程式的共解（解有 0 個、1 個或 2 個）。兩圓的交點就是此兩圓方程式的共解（解有 0 個、1 個或 2 個）。

4.2 二次曲線

用了坐標，圓錐曲線都可用二次方程式來表示。反過來我們要問：是不是任一 x, y 的二次方程式的軌跡，都是一個圓錐曲線？我們的答案：「幾乎都是。」

一個例子

慎選坐標原點及坐標軸，我們得到各類圓錐曲線的各種標準式，它們都是形式較為簡單的二次式。在討論一般的二次方程式之前，我們先舉一個例子，看它的二次式有多麼複雜，又看我們如何選擇新的坐標原點及坐標軸，使得相應的方程式相對的簡單。

考慮一焦點為 $F(2, 1)$，相應準線為 $3x + 4y - 20 = 0$，以及離心率為 $\frac{5}{6}$ 的橢圓。依定義，此橢圓上任一點 (x, y) 要滿足點焦距 / 點準距 $= \frac{5}{6}$，亦即

$$\sqrt{(x-2)^2 + (y-1)^2} \Big/ \frac{|3x + 4y - 20|}{\sqrt{3^2 + 4^2}} = \frac{5}{6}$$

經整理後，此方程式變成

$$27x^2-24xy+20y^2-24x+88y-220=0$$

我們知道對稱軸與坐標軸相平行的橢圓，其方程式不含 xy 項。而上述橢圓的對稱軸所要平行的準線或與其垂直的方向，都不是坐標軸的方向，所以方程式就出現了 xy 項，成為最一般二次方程式的一個例子。

準線為 $3x+4y-20=0$，橢圓的長軸就要與其垂直，且過 $F(2,\ 1)$；長軸的方程式要為 $4x-3y-5=0$。

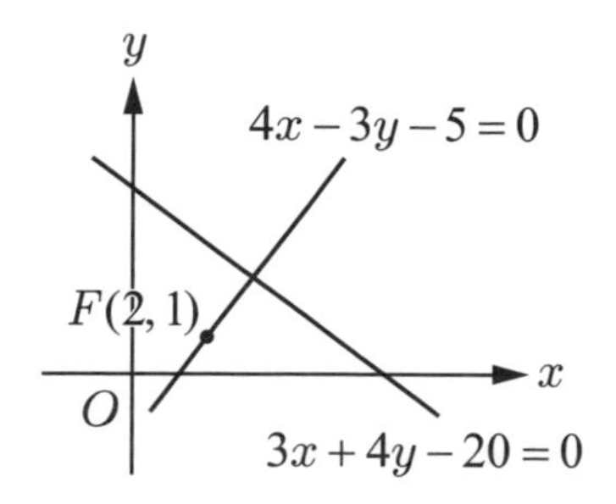

新坐標軸

我們就選平行於長軸，且過原點的直線 $4x-3y=0$ 為新坐標的 X 軸。選平行於準線，且過原點的直線 $3x+4y=0$ 為新坐標的 Y 軸。

新舊坐標的原點不動，所以新坐標軸只不過是將舊坐標軸轉了一個 θ 角而已。在此特例，$\tan\theta=\dfrac{4}{3}$。

新舊之間

平面上任一點 P 有舊坐標 $(x,\ y)$ 及新坐標 $(X,\ Y)$。我們要探討兩組坐標之間的關係。若 Q 為 P 到 x 軸的垂足，則 $\overline{OQ}=x$,

$\overline{PQ}=y$。若 R 為 P 到 X 軸的垂足，則 $\overline{OR}=X$, $\overline{PR}=Y$。作 $\overline{RS}$ 垂直於 x 軸，$\overline{RT}$ 垂直於 $\overline{PQ}$。則因

$$\overline{OQ}=\overline{OS}-\overline{QS}=\overline{OR}\cos\theta-\overline{PR}\sin\theta=X\cos\theta-Y\sin\theta$$

$$\overline{PQ}=\overline{RS}+\overline{PT}=\overline{OR}\sin\theta+\overline{PR}\cos\theta=X\sin\theta+Y\cos\theta$$

就得

$$x=X\cos\theta-Y\sin\theta$$

$$y=X\sin\theta+Y\cos\theta$$

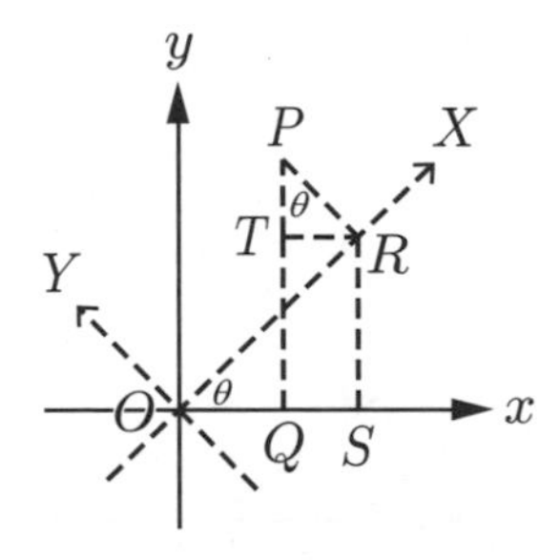

將 (x, y) 與 (X, Y) 角色互調，θ 變成 $-\theta$（(X, Y) 坐標軸轉了 $-\theta$，變回了 (x, y) 坐標軸），就得

$$X=x\cos\theta+y\sin\theta$$

$$Y=-x\sin\theta+y\cos\theta$$

（也可以直接解第一組聯立方程式，而得到第二組聯立方程式。）

XY 項消失了

在我們所舉的特殊例子中，$\tan\theta=\dfrac{4}{3}$, $\sin\theta=\dfrac{4}{5}$, $\cos\theta=\dfrac{3}{5}$。我們就有 $x=\dfrac{3}{5}X-\dfrac{4}{5}Y$, $y=\dfrac{4}{5}X+\dfrac{3}{5}Y$。將它們代入原來的橢圓方程式中，經整理後，就得橢圓以新坐標來表示的方程式為

$$11X^2+36Y^2+56X+72Y-220=0$$

果然，在新方程式中 XY 項消失了。將 X 與 Y 分別配方，再整理，就得

$$11\left(X+\frac{28}{11}\right)^2+36(Y+1)^2=\frac{3600}{11}$$

這是橢圓，其半長軸、半短軸、焦點到橢圓中心的距離，分別為 $a=\frac{60}{11},\ b=\frac{10\sqrt{11}}{11},\ c=\frac{50}{11}$。

橢圓中心在 $4x-3y-5=0$ 上，與焦點 $F(2,\ 1)$ 距離為 $c=\frac{50}{11}$，所以可算得中心的舊坐標為 $\left(-\frac{8}{11},\ -\frac{29}{11}\right)$。換成新坐標，

$$X=\frac{3}{5}x+\frac{4}{5}y=-\frac{28}{11}$$

$$Y=-\frac{4}{5}x+\frac{3}{5}y=-1$$

正是用新坐標，橢圓方程式所呈現中心之所在位置。

這個例子提示了簡化二次方程式成為標準式的一般作法：

一、先做適當的轉軸，使得 XY 項消失。

二、再做適當的坐標軸平移。

轉軸

假設一般的二次方程式為

$$\alpha x^2+2\beta xy+\gamma y^2+2mx+2ny+k=0$$

代入轉軸公式後，得

$$\alpha(X\cos\theta-Y\sin\theta)^2+2\beta(X\cos\theta-Y\sin\theta)(X\sin\theta+Y\cos\theta)$$
$$+\gamma(X\sin\theta+Y\cos\theta)^2+\cdots=0$$

按照 $X^2,\ XY,\ Y^2$ 來整理，得

$$\alpha' X^2+2\beta' XY+\gamma' Y^2+\text{一次項}+k=0$$

而

$$\alpha' = \alpha\cos^2\theta + 2\beta\cos\theta\sin\theta + \gamma\sin^2\theta$$

$$\beta' = -\alpha\cos\theta\sin\theta + \beta(\cos^2\theta - \sin^2\theta) + \gamma\sin\theta\cos\theta$$

$$= -\frac{\alpha-\gamma}{2}\sin 2\theta + \beta\cos 2\theta$$

$$\gamma' = \alpha\sin^2\theta - 2\beta\sin\theta\cos\theta + \gamma\cos^2\theta$$

可驗證下面兩個轉軸的不變量公式：

$$\alpha' + \gamma' = \alpha + \gamma,\ \beta'^2 - \alpha'\gamma' = \beta^2 - \alpha\gamma$$

我們的目的是要讓新方程式中的 XY 項消失，亦即要 $\beta' = 0$，也就是要選 θ 角，使得 $\cot 2\theta = \frac{\alpha-\gamma}{2\beta}$。(如果 $\beta = 0$，原方程式就好，不必做轉軸。)

$\delta = \beta^2 - \alpha\gamma = \beta'^2 - \alpha'\gamma'$ 稱為（原方程式的）小判別式，它可用來判別二次曲線到底是哪一類的曲線。

判別式 $\delta = 0$

如果 $\beta' = 0$，且 $\alpha'\gamma' = 0$（但 α', γ' 不能都為 0，否則 $\alpha = \beta = \gamma = 0$），亦即 $\delta = 0$，則新方程式變成為 $Y = X$ 的二次式（或 $X = Y$ 的二次式），或者 Y（或 X）完全消失，而方程式變成為 X 的二次式（或 Y 的二次式）等於 0。

$Y = X$ 的二次式（或 $X = Y$ 的二次式）正表示圖形為拋物線，而 X 的二次式 $= 0$，如 $X(X-1) = 0,\ X^2 = 0,\ X^2 + 1 = 0$ 等（或 Y 的二次式 $= 0$），表示圖形為兩條平行的直線、一條直線或不存在。

簡言之，當 $\delta = 0$ 時，圖形為拋物線或其退化情形（兩平行的直線、一條直線或不存在）。

判別式 $\delta<0$

當（$\beta'=0$，而）$\alpha'\gamma'>0$（α', γ' 同號）時，$\delta<0$，則新方程式可經配方，而知其圖形為橢圓或退化成一點（新的常數為 0，如 $X^2+Y^2=0$），甚至不存在（新的常數與 α', γ' 同號，如 $X^2+Y^2+1=0$）。

判別式 $\delta>0$

當（$\beta'=0$，而）$\alpha'\gamma'<0$（α', γ' 異號）時，亦即 $\delta>0$，則新方程式可經配方，而知其圖形為雙曲線，或退化成為兩相交之直線（當新常數為 0，如 $X^2-Y^2=0$）。

所以，δ 之為 0，為負或為正，決定了二次曲線代表拋物線，橢圓或雙曲線（或它們的退化情形）。因此不很嚴格來說，通常把二次曲線與圓錐曲線對等起來。

隱函數微分

把隱函數的微分用到二次方程式，不但計算簡單，完全是代數型的，而且可以得到不少好結果。可惜通常微積分的課本都不會這樣做（註 1）。

二次方程式是 x 與 y 之間有二次的關係，也可以把它看成是 y 為 x 的函數（有兩值），而直接可把方程式的兩端做微分。譬如橢圓的標準式 $\frac{x^2}{a^2}+\frac{y^2}{b^2}=1$ 直接做微分，就得 $\frac{2x}{a^2}+\frac{2yy'}{b^2}=0$，亦即 $y'=-\frac{b^2x}{a^2y}$，它就是橢圓在 (x, y) 處的切線斜率。

大判別式

把二次方程式 $\alpha x^2+2\beta xy+\gamma y^2+2mx+2ny+k=0$ 直接微分，得 $2\alpha x+2\beta y+2\beta xy'+2\gamma yy'+2m+2ny'=0$。即

$$y'=-\frac{\alpha x+\beta y+m}{\beta x+\gamma y+n}$$

再把此式微分，有 y' 的地方再代入上式，經整理後可得

$$y''=\frac{\Delta}{(\beta x+\gamma y+n)^3}\text{，其中 }\Delta=\begin{vmatrix}\alpha & \beta & m\\ \beta & \gamma & n\\ m & n & k\end{vmatrix}$$

行列式 Δ 稱為大判別式。$\Delta=0$ 時，$y''=0$。它表示 y 做為 x 的函數，其圖形是不彎曲的，亦即不能為圓錐曲線，而要為退化的情形。

然而 $\Delta\neq 0$ 並不表示圖形就是非退化的，因為圖形可能只是一個點或根本不存在（橢圓的退化情形），彼時無法有 y', y''。上面的公式是說，如果滿足方程式的 $(x,\ y)$ 處有 y', y''，則其值有如公式所示。

由 δ 之值可判定圖形應屬拋物線、橢圓、雙曲線（或其退化）中的哪一類。$\Delta=0$ 時，則一定退化；$\Delta\neq 0$ 時，還會退化；則一定屬於橢圓類的退化情形，彼時的充要條件為 $\alpha\Delta\geq 0$（可用 $\alpha x^2+\gamma y^2+k=0$ 的特例來驗證）。

有心錐線的中心

一旦確定圖形為橢圓或雙曲線時，我們可以利用 y' 的公式來決定中心的位置。$y'=0$ 時，$\alpha x+\beta y+m=0$。此直線與錐線的兩交點，都有水平的切線而互相平行。因此兩交點的連線

$\alpha x+\beta y+m=0$ 會通過錐線的中心。同理，直線 $\beta x+\gamma y+n=0$ 與錐線的兩交點，都有垂直的切線而互相平行。$\beta x+\gamma y+n=0$ 一樣要通過中心。因此將此兩線性方程式聯立求共解，就會得到中心的坐標。($\delta=0$ 時，兩線性方程式沒有唯一的共解。)

我們以一開始所談的橢圓為例，來驗證這樣的結果。我們的橢圓方程式為

$$27x^2-24xy+20y^2-24x+88y-220=0$$

$$y'=-\frac{27x-12y-12}{-12x+20y+44}$$

$27x-12y-12=0$ 與 $-12x+20y+44=0$ 的共解為 $(-\frac{8}{11},\ -\frac{29}{11})$，它正是前面用另一種方法算得的橢圓中心坐標。

4.3 參數化

三種圓錐曲線的標準化方程式中，要以拋物線 $y^2=2px$ （或 $x^2=2py$）最為簡單；相對而言，代表有心錐線的 $\frac{x^2}{a^2}\pm\frac{y^2}{b^2}=1$，則兩變數都有平方項，在處理問題時，常碰到需要開平方的狀況。為了簡化計算，可以引用三角函數，它們可以有效處理開平方的問題。

圓的參數化

我們先看圓的情形：$x^2+y^2=a^2$。我們可令 $x=a\cos\theta$, $y=a\sin\theta$。θ 在 0 到 360° 之間變化，$(x,\ y)$ 正好跑完圓的一圈。

平面上的點需要兩個坐標，但圓只是一維（一個自由度）的曲線，兩坐標之間彼此要有牽制，所以就有了方程式 $x^2+y^2=a^2$。θ 的引入，正好呈現圓曲線有一個自由度。θ 稱為此種表示的參數，它代表圓上一點與中心連線的斜角。

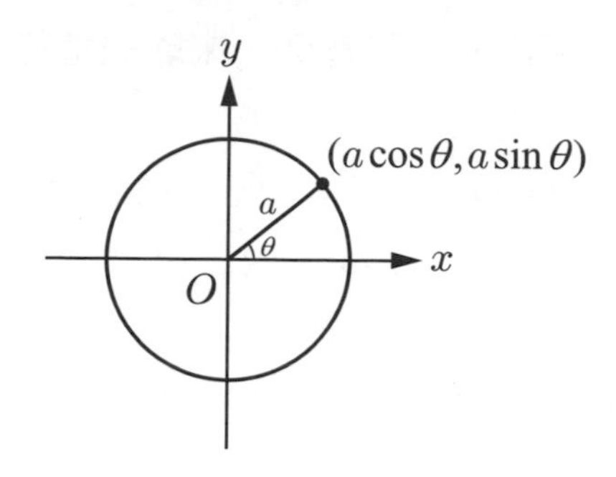

弦長

我們舉兩個例子，來說明引進參數 θ 的好處。假如 $P(x_1,\ y_1),\ Q(x_2,\ y_2)$ 為圓上的兩點，那麼 $\overline{PQ}$ 的長度就要為 $\sqrt{(x_2-x_1)^2+(y_2-y_1)^2}$，它有平方根，而且還要加旁註：

$$x_1^2+y_1^2=a^2,\ x_2^2+y_2^2=a^2。$$

改用參數表示，則 $x_i=a\cos\theta_i,\ y_i=a\sin\theta_i$。而

$$
\begin{aligned}
&(x_2-x_1)^2+(y_2-y_1)^2\\
&=a^2(\cos\theta_2-\cos\theta_1)^2+a^2(\sin\theta_2-\sin\theta_1)^2\\
&=a^2(-2\sin\frac{\theta_2+\theta_1}{2}\sin\frac{\theta_2-\theta_1}{2})^2+a^2(2\cos\frac{\theta_2+\theta_1}{2}\sin\frac{\theta_2-\theta_1}{2})^2\\
&=4a^2(\sin^2\frac{\theta_2+\theta_1}{2}+\cos^2\frac{\theta_2+\theta_1}{2})\sin^2\frac{\theta_2-\theta_1}{2}\\
&=4a^2\sin^2\frac{\theta_2-\theta_1}{2}
\end{aligned}
$$

因此開平方就得弦長為 $2a\sin\frac{\theta_2-\theta_1}{2}$（假設 $\theta_2>\theta_1$）。

這樣的弦長表示，不但沒有平方根，而且另有一種幾何意義。從 O 作 $\overline{PQ}$ 的垂線 $\overline{OR}$，則 R 為 $\overline{PQ}$ 之中點，而 $\angle POR=\frac{1}{2}(\theta_2-\theta_1)$，因此

$$\overline{PQ}=2\overline{PR}=2a\sin\frac{\theta_2-\theta_1}{2}\text{。}$$

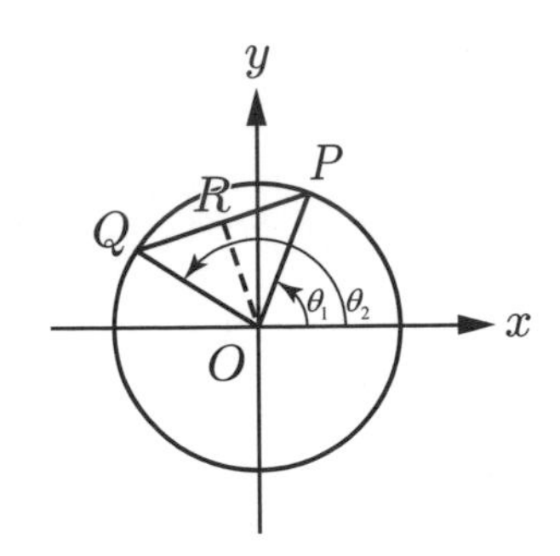

和差化積

在前面計算弦長的過程中，我們用到三角函數和差化積的公式，它們在三角函數的應用中是非常重要的。下面列出四個和差化積公式，以供參考：

(1) $\sin\theta_1+\sin\theta_2=2\sin\frac{\theta_1+\theta_2}{2}\cos\frac{\theta_1-\theta_2}{2}$

(2) $\sin\theta_1-\sin\theta_2=2\cos\frac{\theta_1+\theta_2}{2}\sin\frac{\theta_1-\theta_2}{2}$

(3) $\cos\theta_1+\cos\theta_2=2\cos\frac{\theta_1+\theta_2}{2}\cos\frac{\theta_1-\theta_2}{2}$

(4) $\cos\theta_1-\cos\theta_2=-2\sin\frac{\theta_1+\theta_2}{2}\sin\frac{\theta_1-\theta_2}{2}$

積化和差

與和差化積相對的，是積化和差公式，它們也有三個，羅列如下：

(1) $\sin\theta_1\sin\theta_2=\frac{1}{2}(\cos(\theta_1-\theta_2)-\cos(\theta_1+\theta_2))$

(2) $\cos\theta_1\cos\theta_2=\frac{1}{2}(\cos(\theta_1-\theta_2)+\cos(\theta_1+\theta_2))$

(3) $\sin\theta_1\cos\theta_2=\frac{1}{2}(\sin(\theta_1-\theta_2)+\sin(\theta_1+\theta_2))$

托勒密定理

圓內接四邊形有個著名的托勒密 (Ptolemy) 定理（註 2），它說：如果 $P_1P_2P_3P_4$ 為圓內接四邊形，則

$$\overline{P_1P_2}\cdot\overline{P_3P_4}+\overline{P_2P_3}\cdot\overline{P_4P_1}=\overline{P_1P_3}\cdot\overline{P_2P_4}$$

傳統的平面幾何巧妙用了補助線，來證明托勒密定理。用坐標，可想像計算量之大，一定煩死人。用參數，假定 P_i 相應於 θ_i, $\theta_1<\theta_2<\theta_3<\theta_4$，則

$$\begin{aligned}
&\overline{P_1P_2}\cdot\overline{P_3P_4}+\overline{P_2P_3}\cdot\overline{P_4P_1}\\
&=4a^2(\sin\frac{\theta_2-\theta_1}{2}\sin\frac{\theta_4-\theta_3}{2}+\sin\frac{\theta_3-\theta_2}{2}\sin\frac{\theta_4-\theta_1}{2})\\
&=2a^2((\cos\frac{\theta_2+\theta_3-\theta_1-\theta_4}{2}-\cos\frac{\theta_2+\theta_4-\theta_1-\theta_3}{2})\\
&\quad+(\cos\frac{\theta_1+\theta_3-\theta_2-\theta_4}{2}-\cos\frac{\theta_3+\theta_4-\theta_1-\theta_2}{2}))\\
&=2a^2(\cos\frac{\theta_2+\theta_3-\theta_1-\theta_4}{2}-\cos\frac{\theta_3+\theta_4-\theta_1-\theta_2}{2})\\
&=4a^2\sin\frac{\theta_3-\theta_1}{2}\sin\frac{\theta_4-\theta_2}{2}\\
&=\overline{P_1P_3}\cdot\overline{P_2P_4}
\end{aligned}$$

這樣的計算還算乾淨俐落。

有心錐線參數化

接下來，我們也要把有心錐線的坐標參數化。橢圓 $\dfrac{x^2}{a^2}+\dfrac{y^2}{b^2}=1$ 坐標的參數化為 $x=a\cos\theta,\ y=b\sin\theta$。雙曲線 $\dfrac{x^2}{a^2}-\dfrac{y^2}{b^2}=1$ 則為 $x=a\sec\theta,\ y=b\tan\theta$。相對於橢圓坐標之有範圍：$|x|\leq a$, $|y|\leq b$，雙曲線則顯然不同：$|x|\geq a$，y 則無限制。這些三角函數的選用自然要照顧平方和或差為定數的關係。

以下，我們集中說明橢圓坐標參數化的好處。雙曲線往往有類似的性質，但也有無法類化者，細節就請有興趣的讀者自己推演。

橢圓的參數 θ

首先，橢圓上一點 P 所用的參數 θ，並不是該點與中心 O 連線的斜角。從 P 點作平行於 y 軸的直線，交以長軸為直徑的圓於 Q 點，則 $\overline{OQ}$ 的斜角才是 θ。設 $\overline{OQ}$ 的斜角為 θ，則 Q 坐標為 $(a\cos\theta,\ a\sin\theta)$，而 P 的 x 坐標與 Q 的相同，同為 $a\cos\theta$，所以 P 的 y 坐標要為 $b\sin\theta$。

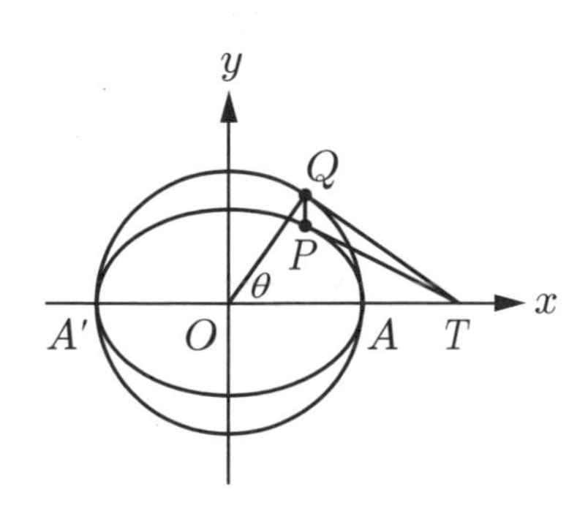

橢圓的切線

過 P 點的橢圓切線斜率為 $-\dfrac{b^2x}{a^2y}=-\dfrac{b\cos\theta}{a\sin\theta}$ $(=-\dfrac{b}{a}\cot\theta)$，切線方程式為

$$y=b\sin\theta-\frac{b\cos\theta}{a\sin\theta}(x-a\cos\theta)=b\csc\theta-\frac{b}{a}\cot\theta x$$

令 $y=0$，就得切線與 x 軸交點 T 的 $x=a\sec\theta$。從圖知 $\overline{OQ}=a$, $\overline{OT}=a\sec\theta$，所以 $\angle OQT$ 為直角，亦即 $\overline{QT}$ 為圓的切線。這樣，我們又得到一個畫橢圓切線的方法：要作過 P 點的切線，先作 Q 點，再作圓在 Q 點的切線，交長軸於 T，則 $\overline{PT}$ 就是橢圓的切線。

為了簡化，橢圓上一點 P 的參數如果為 θ，我們就以 $P(\theta)$ 代表該點。底下，我們要來證明阿波氏的一些重要結果。

平行弦

我們要證明 $P(\theta_1)$, $P'(\theta_2)$ 如果是橢圓上的兩點，則所有與 $\overline{PP'}$ 平行的弦，其中點都會落在橢圓的某一直徑（即通過中心的弦）上，而且此直徑兩端的切線與 $\overline{PP'}$ 平行。

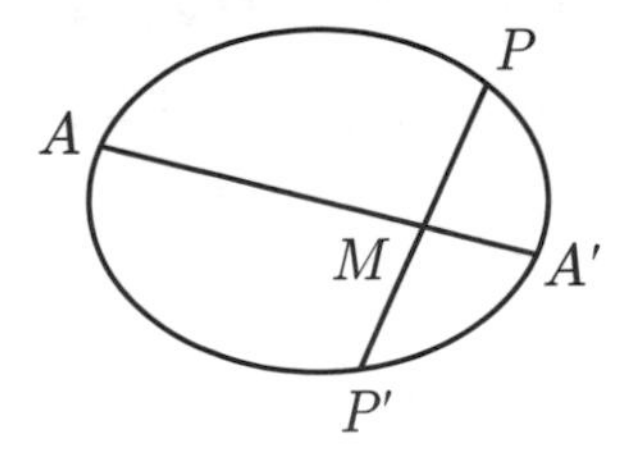

$\overline{PP'}$ 之中點 M 的坐標為

$$x=\frac{a}{2}(\cos\theta_1+\cos\theta_2),\ y=\frac{b}{2}(\sin\theta_1+\sin\theta_2)，$$

它在下面這條直線上：

$$\frac{y}{x}=\frac{b(\sin\theta_1+\sin\theta_2)}{a(\cos\theta_1+\cos\theta_2)}=\frac{b\sin\frac{\theta_1+\theta_2}{2}\cos\frac{\theta_1-\theta_2}{2}}{a\cos\frac{\theta_1+\theta_2}{2}\cos\frac{\theta_1-\theta_2}{2}}$$

$$=\frac{b}{a}\tan\frac{\theta_1+\theta_2}{2}$$

而此直線為過 $A(\frac{\theta_1+\theta_2}{2})$（與 $A'(\frac{\theta_1+\theta_2}{2}+180°)$）的直徑，因為它的斜率就是

$$\frac{b\sin\frac{\theta_1+\theta_2}{2}}{a\cos\frac{\theta_1+\theta_2}{2}}=\frac{b}{a}\tan\frac{\theta_1+\theta_2}{2}$$

另一方面，$\overline{PP'}$ 的斜率為

$$\frac{b(\sin\theta_1-\sin\theta_2)}{a(\cos\theta_1-\cos\theta_2)}=\frac{2b\cos\frac{\theta_1+\theta_2}{2}\sin\frac{\theta_1-\theta_2}{2}}{-2a\sin\frac{\theta_1+\theta_2}{2}\sin\frac{\theta_1-\theta_2}{2}}$$

$$=-\frac{b\cos\frac{\theta_1+\theta_2}{2}}{a\sin\frac{\theta_1+\theta_2}{2}}$$

$$=-\frac{b}{a}\cot\frac{\theta_1+\theta_2}{2}$$

它與過 A 點的切線斜率相同，所以切線與 $\overline{PP'}$ 平行。

另外，如果過 $Q(\theta_3)$, $Q'(\theta_4)$ 的弦與 $\overline{PP'}$ 平行，則其斜率 $-\frac{b}{a}\cot\frac{\theta_3+\theta_4}{2}$，要與 $\overline{PP'}$ 的斜率 $-\frac{b}{a}\cot\frac{\theta_1+\theta_2}{2}$ 相等。所以 $\frac{\theta_3+\theta_4}{2}=\frac{\theta_1+\theta_2}{2}$（或差 180°）。$\overline{QQ'}$ 的中點要在直徑

$$\frac{y}{x}=\frac{b}{a}\tan\frac{\theta_3+\theta_4}{2}=\frac{b}{a}\tan\frac{\theta_1+\theta_2}{2}$$

之上；它就是直徑 $\overline{AA'}$。

共軛

$\overline{AA'}$ 與 $\overline{PP'}$ 的兩個方向稱為「互為共軛」，如果 $\overline{PP'}$ 也是直徑，則 $\overline{AA'}$ 與 $\overline{PP'}$ 為共軛直徑。此時，$\theta_2=\theta_1+180°$, $\frac{\theta_1+\theta_2}{2}=\theta_1+90°$。亦即，一直徑端點的參數若為 θ_1，則其共軛直徑端點的參數為 $\theta_1+90°$，其關係如圖所示。

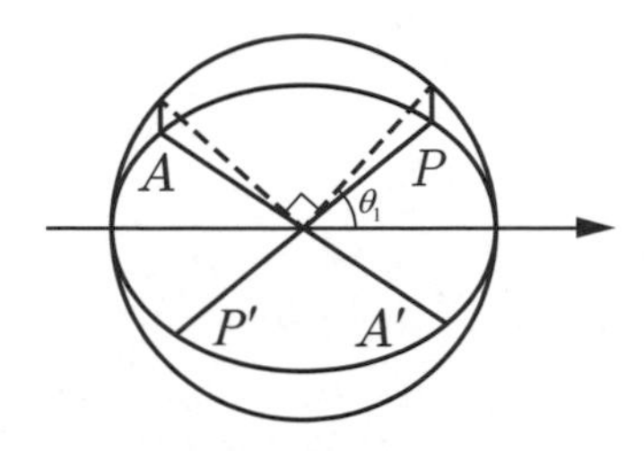

在此，我們又得到橢圓切線的另一種作法：作過 P 之直徑，再作共軛直徑，則過 P 且平行於共軛直徑之直線就是切線。

共軛半徑

假定 $\overline{AA'}$, $\overline{BB'}$ 為兩共軛直徑，令 $a_1=\frac{1}{2}\overline{AA'}$, $b_1=\frac{1}{2}\overline{BB'}$ 為兩共軛半徑之長，而 a, b 仍然指的是半長軸及半短軸的長度。則我們會有如下之結果。

(1) $a_1^2+b_1^2=a^2+b^2$。

(2)共軛直徑四端點的切線所圍成的平行四邊形，其面積恆為定值。

(3) $a_1+b_1\geq a+b$。

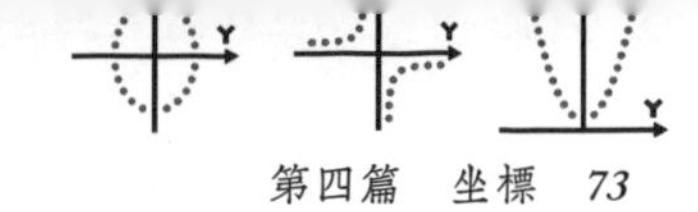

這些結果很容易算得。設 A, B 的參數各為 $\theta, \theta+90^\circ$，則 $a_1^2 = a^2\cos^2\theta + b^2\sin^2\theta,\ b_1^2 = a^2\sin^2\theta + b^2\cos^2\theta$，由此馬上得到(1)。$\overline{AA'}, \overline{BB'}$ 交角 φ 之 $\tan\varphi$ 為 $\dfrac{-ab}{(a^2-b^2)\sin\theta\cos\theta}$，$\sin\varphi$ 為

$$\frac{ab}{\sqrt{(a^2-b^2)^2\sin^2\theta\cos^2\theta + a^2b^2}}$$

$$= \frac{ab}{\sqrt{a^2\cos^2\theta + b^2\sin^2\theta}\sqrt{a^2\sin^2\theta + b^2\cos^2\theta}}$$

$$= \frac{ab}{a_1b_1}$$

就得平行四邊形面積為 $4a_1b_1\sin\varphi = 4ab$，是為定值。

至於(3)，可由下面的不等關係得到：

$$\begin{aligned}(a_1+b_1)^2 &= a_1^2 + b_1^2 + 2a_1b_1\\ &\ge a^2 + b^2 + 2a_1b_1\sin\varphi\\ &= a^2+b^2+2ab\\ &= (a+b)^2\end{aligned}$$

阿波氏公式

還是假設 $\overline{PP'}$ 為弦，$\overline{AA'}$ 為相應之直徑，M 為 $\overline{PP'}$ 之中點。設 P, P' 的參數為 θ_1, θ_2，且 $\theta = \dfrac{\theta_1+\theta_2}{2}$，則 A, A' 的參數各為 $\theta, \theta+180^\circ$，M 的坐標為 $(\frac{a}{2}(\cos\theta_1+\cos\theta_2), \frac{b}{2}(\sin\theta_1+\sin\theta_2))$。經計算可得

$$\overline{AA'} = 2\sqrt{a^2\cos^2\theta + b^2\sin^2\theta}$$

$$\overline{PM} = \sqrt{a^2\sin^2\theta + b^2\cos^2\theta}\left|\sin\frac{\theta_2-\theta_1}{2}\right|$$

$$\overline{AM} = \frac{1}{2}\overline{AA'}(1 - \cos\frac{\theta_2 - \theta_1}{2})$$

$$\overline{A'M} = \frac{1}{2}\overline{AA'}(1 + \cos\frac{\theta_2 - \theta_1}{2})$$

因此就得阿波氏的公式：

$$\frac{\overline{PM}^2}{\overline{AM}\cdot\overline{A'M}} = \frac{4(a^2\sin^2\theta + b^2\cos^2\theta)}{\overline{AA'}^2} = \frac{2p}{\overline{AA'}}$$

此處

$$2p = \frac{4(a^2\sin^2\theta + b^2\cos^2\theta)}{\overline{AA'}}$$

此 $2p$ 之長度只與橢圓本身及直徑 $\overline{AA'}$ 相關，稱為此橢圓相對於直徑 $\overline{AA'}$ 的標尺。

如果 $\overline{BB'}$ 為 $\overline{AA'}$ 的共軛直徑，則 $\overline{BB'}^2 = 4(a^2\sin^2\theta + b^2\cos^2\theta)$，亦即，$p = \frac{b_1^2}{a_1}$，此與半正焦弦之公式類似。令 $c_1 = \sqrt{a_1^2 - b_1^2}$，則當 $\overline{AM} = a_1 - c_1$ 時， 由阿波氏公式就得 $\overline{PM} = \frac{b_1^2}{a_1} = p$ 。$\overline{AM} = a_1 - c_1$ 時，M 可視為焦點從長軸到直徑的推廣，而標尺 $2p$ 就是正焦弦的推廣（註 3）。

扇形面積

克卜勒的面積律牽涉到橢圓中，以焦點為頂點的扇形面積。利用參數表示法，用積分可得這樣的面積。假設 $A(0)$ 為長軸的

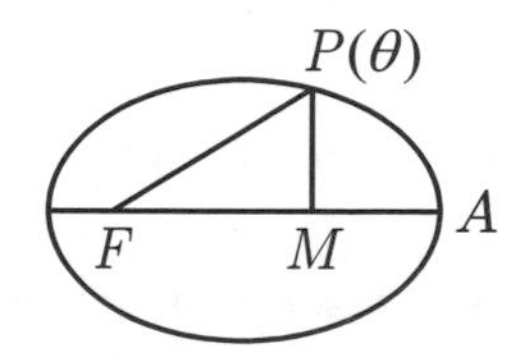

一頂點，$F(-c,\ 0)$ 為一焦點，$P(\theta)$ 為橢圓上一點（θ 以弧角為單位，它不是 $\widehat{PA}$ 在 F 的張角）。設 M 為 P 到長軸的垂足。則

$$
\begin{aligned}
\widehat{PA}\text{ 下的面積} &= \int_{\theta}^{0} y\,dx \\
&= \int_{\theta}^{0} b\sin\theta\, d(a\cos\theta) \\
&= -ab\int_{\theta}^{0} \sin^2\theta\, d\theta \\
&= -\frac{1}{2}ab\int_{\theta}^{0} (1-\cos 2\theta)\, d\theta \\
&= \frac{1}{2}ab(\theta - \frac{1}{2}\sin 2\theta) \\
&= \frac{1}{2}ab\theta - \frac{1}{2}ab\sin\theta\cos\theta \\
&= \frac{1}{2}ab\theta - \frac{1}{2}xy
\end{aligned}
$$

因此

$$
\begin{aligned}
\text{扇形面積} &= \triangle PMF + \widehat{PA}\text{ 下的面積} \\
&= \frac{1}{2}(x+c)y + \frac{1}{2}ab\theta - \frac{1}{2}xy \\
&= \frac{1}{2}bc\sin\theta + \frac{1}{2}ab\theta
\end{aligned}
$$

如果扇形是由 $P_1(\theta_1)$ 到 $P_2(\theta_2)$ 的弧所張成的，則面積為

$$\frac{1}{2}bc(\sin\theta_2 - \sin\theta_1) + \frac{1}{2}ab(\theta_2 - \theta_1)$$

而橢圓的面積（取 $\theta_1 = 0,\ \theta_2 = 2\pi$）為 πab。

4.4 極坐標

直角坐標系統把平面上的點和數對 (x, y) 對應起來。這樣，平面上的幾何問題，會轉成為 x 與 y 之間的關係問題。從轉化的觀點，直角坐標系統不是唯一的選擇。斜角坐標系統也可以是另一種選擇，就如阿波氏所做的。另外還有極坐標系統，它在研究行星運動時特別有用。

阿基米德螺線

阿基米德研究過一種螺線，現稱為阿基米德螺線。它的定義是這樣的：有一定點 O 及以 O 為端點的射線 O_x。有一動點 P，從 O 點出發，$\overline{OP}$ 做逆時鐘方向的旋轉，使得 $\overline{OP}$ 之長 r，正比於 $\overline{OP}$ 與 O_x 的交角 θ 而成長，則動點 P 的軌跡就是阿基米德螺線。這就是說 r 與 θ 間有 $r = k\theta$ 的關係，k 為一常數。根據這樣的定義，我們可以畫出螺線如圖。阿基米德研究此螺線的切線及 $\overline{OP}$ 所掃過的面積。

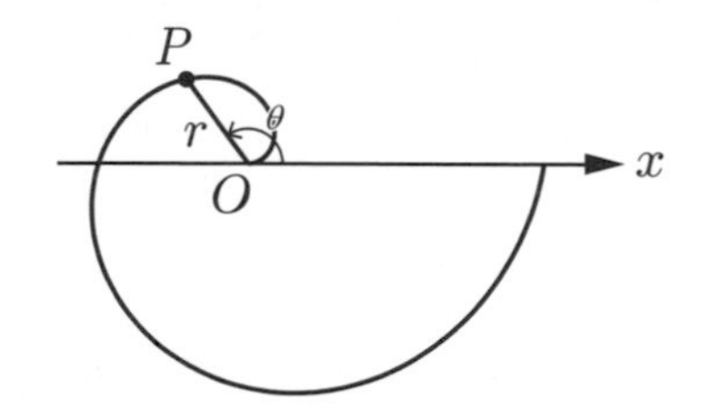

極坐標

用極坐標的語言來說，O 點稱為極點，O_x 稱為極軸，θ 稱為 P 點的幅角（逆時鐘方向為正，順時鐘方向為負），r 稱為 P 點的向徑（長），(θ, r) 就是 P 點的極坐標。阿基米德螺線，就是 θ 與 r 兩極坐標，以函數 $r = k\theta$ 來呈現的幾何曲線。

炮兵

炮兵觀測官向射擊指揮所報告射擊目標的位置，所使用的基本上就是極坐標系統。觀測官先要確定自己所在的地點，它就是極點 O。再來報告目標的方位，它是從向北方向（極軸）算起，順時鐘（不是逆時鐘）方向旋轉到目標的角度，最後報告目標的距離有多遠。

直線與圓

極坐標 θ 與 r 之間最簡單的關係是 $\theta=$ 常數或 $r=$ 常數。前者的圖形是以極點為端點的射線，後者是以極點為圓心的圓。這些射線與圓形成了極坐標系統的網線。

極點與原點重合時，同一點的極坐標 (θ, r) 與直角坐標 (x, y) 的關係為

$$x=r\cos\theta,\ y=r\sin\theta,\ r^2=x^2+y^2,\ \tan\theta=\frac{y}{x}$$

用直角坐標表示的直線 $ax+by+c=0$，用極坐標表示，就是 $ar\cos\theta+br\sin\theta+c=0$，或者 $r=\dfrac{-c}{a\cos\theta+b\sin\theta}$。

如果 O 點到一直線的垂足已知為 $P_0(\theta_0, r_0)$，則直線上任一點 $P(\theta, r)$ 與 P_0 的關係如圖所示。如此，則

$$r\cos(\theta_0-\theta)=r_0 \text{ 或 } r=\frac{r_0}{\cos(\theta_0-\theta)}$$

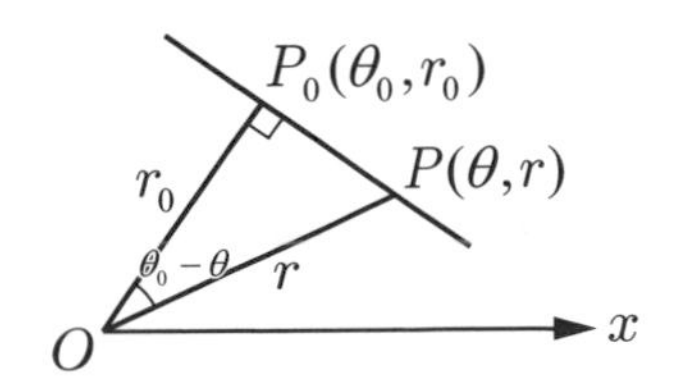

以 $P_0(\theta_0,\ r_0)$ 為圓心，a 為半徑的圓，其方程式可經由餘弦律在 $\triangle PP_0O$ 上的應用，而得

$$r^2 + r_0^2 - 2rr_0\cos(\theta - \theta_0) = a^2$$

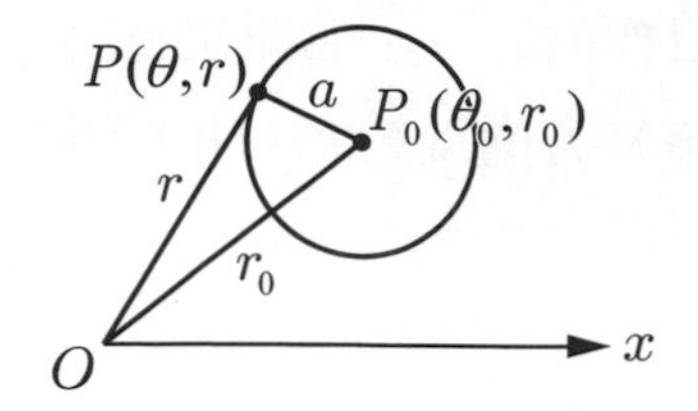

錐線

以點焦距／點準距＝離心率的關係式，用極坐標來呈現錐線的方程式，是簡單而且一致的。用一焦點做為極點，對稱軸為極軸。設極點到準線的距離為 p/ε，ε 為離心率。則

$$\frac{r}{\dfrac{p}{\varepsilon} + r\cos\theta} = \varepsilon \quad 或 \quad r = \frac{p}{1 - \varepsilon\cos\theta}$$

在式子中把 θ 改成 $-\theta$，r 值是不變的，這表示極軸是錐線的對稱軸。

(1) $\varepsilon = 1$ 時 $(r = \dfrac{p}{1 - \cos\theta})$

$\theta = 0°$ 時，r 無值（或說 r 值為無窮大）。$|\theta|$ 值剛離開 0° 時，r 值非常大。但隨著 $|\theta|$ 值逐漸變大，接近於 180°，r

值逐漸變小，最後趨近於 $\frac{p}{2}$。從這一段分析，大約可看出，曲線就是以 $(180°, \frac{p}{2})$ 為頂點，隨著 $|\theta|$ 值逐漸變小，r 值逐漸變大，最後在 $\theta = 0°$ 處開了口的拋物線。

(2) $\varepsilon < 1$ 時

隨著 $|\theta|$ 值由 180° 開始變小，$r = \frac{p}{1 - \varepsilon\cos\theta}$ 之值由 $\frac{p}{1+\varepsilon}$ 開始逐漸變大的情況，與拋物線類似。只是當 $|\theta|$ 趨近於 0° 時，r 值會趨近於有限值 $\frac{p}{1-\varepsilon}$，而使曲線封閉。橢圓與拋物線最大的不同在於此。

(3) $\varepsilon > 1$ 時

r 可能因 $1 - \varepsilon\cos\theta$ 為負值，而變成定義不明。用極坐標時，對 r 之為負值必須有所規約。一種可能的規約是 r 不得為負值，因此 $|\theta| \le \cos^{-1}\frac{1}{\varepsilon}$ 時，r 無相應之值；而當 $|\theta| > \cos^{-1}\frac{1}{\varepsilon}$ 時，r 才有相應之值。相應的圖形為雙曲線的一支。另一種可能的規約則是：當 (θ, r) 滿足方程式，而 r 為負時，(θ, r) 代表的就是 $(\theta + 180°, -r)$ 這一點。在此較為寬廣的規約之下，$|\theta| < \cos^{-1}\frac{1}{\varepsilon}$ 的圖形為雙曲線的另一支。

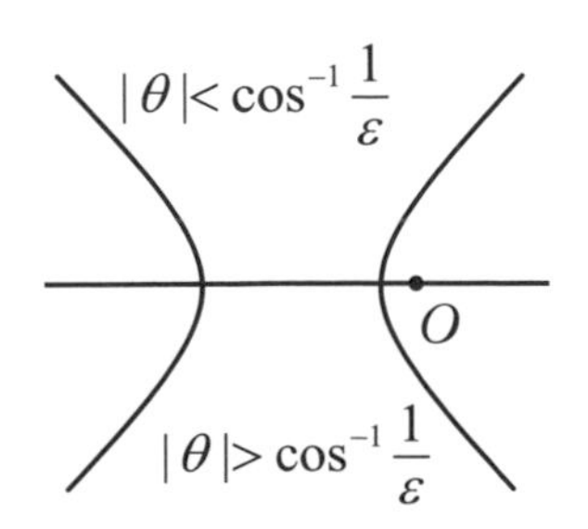

雙曲線第一支的端點為 $(180°, \frac{p}{1+\varepsilon})$，第二支的端點為 $(0°, \frac{p}{1-\varepsilon})$，即 $(180°, \frac{p}{\varepsilon-1})$。中心在兩頂點的中點，其坐標為 $(180°, \frac{p\varepsilon}{\varepsilon^2-1})$。而漸近線就是過中心，而斜角為 $\theta = \pm\cos^{-1}\frac{1}{\varepsilon}$ 的直線。

運動曲線

現在我們要用極坐標，說明在行星運行系統中，萬有引力定律與克卜勒三大定律之間如何互導。我們只能做大方向的說明，細節則需要微積分的技巧。

設 $P(\theta, r)$ 為曲線上一點的極坐標，則位置向量 $\vec{P}$ $(=\overrightarrow{OP})$ 的單位向量為 $\vec{U}_r = (\cos\theta, \sin\theta)$；它是 r 的增長方向。將其逆時鐘方向旋轉 90° 後，得到的單位向量為 $\vec{U}_\theta = (-\sin\theta, \cos\theta)$，它是 θ 的增長方向。

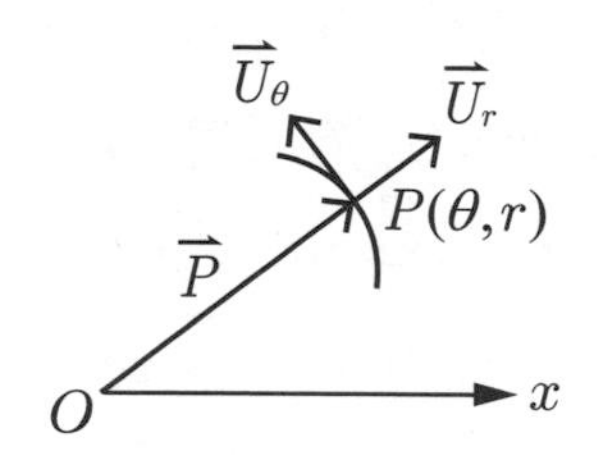

因為

$$\frac{d}{d\theta}\vec{U}_r = (-\sin\theta, \cos\theta) = \vec{U}_\theta, \quad \frac{d}{d\theta}\vec{U}_\theta = (-\cos\theta, -\sin\theta) = -\vec{U}_r$$

因此 $\vec{P} = r\vec{U}_r$ 相對於時間 t 的微分為

$$\vec{P}' = \frac{d}{dt}\vec{P} = \frac{dr}{dt}\vec{U}_r + r\frac{d\theta}{dt}\vec{U}_\theta$$

這表示速度向量 $\vec{V}=\vec{P}'$ 在 $\vec{U}_r$ 方向的分量為向徑 r 的變化率 $\frac{dr}{dt}$，而在 $\vec{U}_\theta$ 方向的分量則為幅角 θ 的變化率 $\frac{d\theta}{dt}$ 乘以 r，這些都符合物理的實情。

將 $\vec{V}$ 再對時間 t 做微分，經過有點複雜的計算與整理，可得加速度為

$$\vec{A}=\vec{V}'=A_r\vec{U}_r+A_\theta\vec{U}_\theta$$

$$A_r=\frac{d^2r}{dt^2}-r(\frac{d\theta}{dt})^2,\ A_\theta=\frac{1}{r}\frac{d}{dt}(r^2\frac{d\theta}{dt})$$

以上的討論，對一般的運動曲線都成立。現在假定研究的是行星運動曲線，而太陽位於極點。

面積律與向心律

行星與太陽連線所掃過的面積為 $\int_{\theta_0}^{\theta}\frac{1}{2}r^2d\theta$，而其相對於時間的變化率為

$$\frac{d}{dt}\int_{\theta_0}^{\theta}\frac{1}{2}r^2d\theta=\frac{d}{d\theta}\int_{\theta_0}^{\theta}\frac{1}{2}r^2d\theta\cdot\frac{d\theta}{dt}=\frac{1}{2}r^2\frac{d\theta}{dt}$$

面積律說，此變化率為一常數值，即 $\frac{d}{dt}(\frac{1}{2}r^2\frac{d\theta}{dt})=0$，亦即 $A_\theta=0$，也可說加速度的方向全在 $\vec{U}_r$ 上。這就是說，面積律與向心律是相當的。這就完成了萬有引力定律與克卜勒行星運動定律可以互導的第一層次。因為預期引力是向心的，在此我們見識到了使用極坐標的好處。

軌道律與平方反比律

現在進入互導的第二層次，假定了面積律（及向心律），想證

明軌道律與平方反比律是相當的。

假定了面積律（及向心律），因此 $r^2\dfrac{d\theta}{dt}=h$ 為一常數。A_r 可整理成

$$A_r=\frac{h^2}{r^4}\frac{d^2r}{d\theta^2}-\frac{2h^2}{r^2}(\frac{dr}{d\theta})^2-\frac{h^2}{r^3}=-h^2\rho^2(\frac{d^2\rho}{d\theta^2}+\rho)$$

在此，我們預期軌道為橢圓 $r=\dfrac{p}{1-\varepsilon\cos\theta}$，我們用 r 之倒數 $\rho=\dfrac{1}{r}$ 做為新的變數，ρ 與 θ 的關係會比較簡單。

若 $\rho=\dfrac{1}{r}=\dfrac{1-\varepsilon\cos\theta}{p}$，就很容易導得 $A_r=-\dfrac{h^2}{p}\dfrac{1}{r^2}$，亦即，由軌道律可導得平方反比律。反之，假定了平方反比律，則

$$A_r=-h^2\rho^2(\frac{d^2\rho}{d\theta^2}+\rho)=-k\rho^2$$

這是 ρ 的微分方程式，很容易可解得

$$\rho-\frac{k}{h^2}=c\cos(\theta-\theta_0)\text{ 或 }r=\frac{h^2/k}{1+\dfrac{ch^2}{k}\cos(\theta-\theta_0)}$$

亦即，得到軌道為錐線；如果軌道是封閉的，它就是橢圓。如此就完成了第二層次的互導。

週期律與萬有律

進入第三層次，假定面積律、軌道律（及向心律、平方反比律），想要證明週期律與萬有律是相當的。我們已經知道 $A_r=-\dfrac{h^2}{p}\dfrac{1}{r^2}$，所謂「萬有」就是說平方反比律的常數 $-\dfrac{h^2}{p}$ 只與太陽有關，而與各行星無關。

$\frac{h}{2}=\frac{1}{2}r^2\frac{d\theta}{dt}$ 表示行星與太陽連線所掃過面積的速率，因此它乘以週期 T，就得到橢圓的面積：

$$\frac{h}{2}T=\pi ab\text{（}a,\ b\text{ 為橢圓之半長、短軸長）。}$$

由 $r=\frac{p}{1-\varepsilon\cos\theta}$，可得 $a=\frac{1}{2}(\frac{p}{1-\varepsilon}+\frac{p}{1+\varepsilon})=\frac{p}{1-\varepsilon^2}$，即 p 為半正焦弦：$p=a(1-\varepsilon^2)=\frac{b^2}{a}$，而 $b^2=a^2-(a\varepsilon)^2=a^2(1-\varepsilon^2)$，因此

$$\frac{h^2}{p}=(\frac{2\pi ab}{T})^2\frac{1}{p}=\frac{4\pi^2}{T^2}\frac{a^2b^2}{p}=\frac{4\pi^2a^4(1-\varepsilon^2)}{T^2a(1-\varepsilon^2)}=4\pi^2\frac{a^3}{T^2}$$

亦即，等式的左右兩方，只要有一方與行星無關，他方亦與行星無關。如此，就得證週期律與萬有律是相當的（註 4）。

註

1. 關於隱函數微分用在二次方程式上，可參閱曹亮吉主編的《微積分》(歐亞)，8–2。
2. 托勒密定理的一些特例，相當於三角學中的和、差角公式，或半角公式。托勒密在其著作中，用它們來製作三角函數值表。可參閱曹亮吉的《數學導引》(科學月刊)，第二章 §2。
3. 我們也可用參數的方法證明 2.3 節所提到的切線定理：如果過點 $P_1(\theta_1)$, $P_2(\theta_2)$ 的兩切線交於 T，與 P_1T, P_2T 平行的直徑，其半長各為 a_1, a_2，則可算得 $P_iT = a_i\left|\tan(\frac{\theta_2-\theta_1}{2})\right|$ (若是圓，此式可直接用幾何方法驗證)，因此 $P_1T : P_2T = a_1 : a_2$。如果兩弦 $Q_1(\varphi_1)Q_1'(\varphi_1')$, $Q_2(\varphi_2)Q_2'(\varphi_2')$ 各平行於 P_1T, P_2T，而相交於 S，則可算得

   $$Q_iS \cdot Q_i'S$$
   $$= a_i^2\left|\frac{4\sin(\frac{\varphi_2-\varphi_1}{2})\sin(\frac{\varphi_2'-\varphi_1}{2})\sin(\frac{\varphi_2-\varphi_1'}{2})\sin(\frac{\varphi_2'-\varphi_1'}{2})}{\sin^2(\theta_2-\theta_1)}\right|$$

   (圓的情形，此式也可直接驗證。) 因此得切線定理：

   $$\overline{Q_1S}\cdot\overline{Q_1'S} : \overline{Q_2S}\cdot\overline{Q_2'S} = a_1^2 : a_2^2 = \overline{P_1T}^2 : \overline{P_2T}^2$$

   另外，2.3 節的 P 點若其參數為 θ，則依上面的切線長公式知，2.3 節的 $\overline{A'G'}$, $\overline{AG}$ 分別等於 $b\tan\frac{\theta}{2}$, $b\cot\frac{\theta}{2}$，即得該節阿波氏的結果(1) $\overline{AG}\cdot\overline{A'G'} = b^2$。
4. 本節可參閱曹亮吉主編的《微積分》(歐亞)，8–4 及 16–2。

第五篇　射影

從投影觀點來看，三類錐線顯然是相關的。從文藝復興開始，投影觀念逐漸開展，後來又有投影不變性質、連續原理、對偶原理、射影（重複投影）的想法，射影幾何終於在十九世紀誕生了。

在諸多的投影不變性質中，交比經過考驗，變成射影幾何中最重要的一環。有了交比，許多錐線的性質很快就可釐清，甚至錐線本身也可用交比來統一定義。

5.1 從投影到射影

投影的概念肇始於文藝復興時期，相關的觀念逐漸衍生，直到十九世紀，整個射影幾何才完全成熟。

文藝復興時，各方面都有很大的改變，繪畫是其中的一項。在此之前，西方的繪畫，要畫出心中所想的，譬如認為國王最偉大，就把國王的身體畫成最大。文藝復興，繪畫開始講求畫得真實，眼睛看到什麼，就畫出什麼。一個圓口形的水瓶，通常看到的瓶口不是圓形，而是橢圓，那麼在畫板上就把瓶口畫成橢圓。

投影

為此，就發展了透視投影的具體想法。我們在水瓶與眼睛間放著畫板。水瓶輪廓上的一點與（一隻）眼睛間的連線會穿過畫板上的一點，就在畫板上這一點，畫上水瓶輪廓的那一點。點在水瓶輪廓跑一遍，畫板上就得到此水瓶畫像的輪廓。

視線與水瓶輪廓組成一錐形，畫像就是此錐形為一平面（畫板）所截的痕跡。我們稱這種想法為投影：眼睛為投影中心，畫像為水瓶在畫板平面上的投影。如果只專注於瓶口，眼睛與瓶口形成一圓錐，畫像自然是圓錐截痕──通常是橢圓。

如果景物由水瓶改為房子門前階梯所成的平行線，在畫板上我們會畫出相交的直線，因為在我們眼中，平行線會相交於地平線的某一點。如果景物中還有其他與階梯平行的直線，我們也會畫成畫板中通過同一交點的直線。文藝復興時期的景物畫，尤其強調平行實物在畫板上會相交的特色。

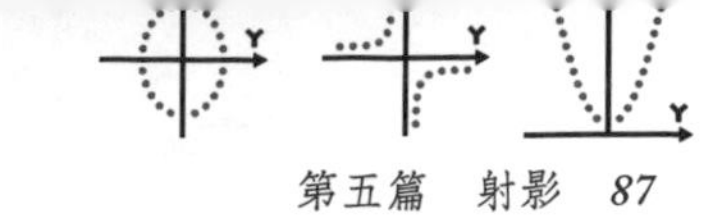

保存了什麼性質

如果調整一下畫板或眼睛的位置，自然就得到不同角度的透視與投影；但是我們總看得出來畫的是同一景物。可見在投影的變化下，有些性質是保存了下來。這方面的研究就是透視投影學。文藝復興時代，達文西（da Vinci，1452～1519 年）與杜雷（Dürer，1471～1528 年）在這方面的名聲很響亮。

那麼到底有哪些是投影的不變性質呢？點、直線各自都對應到點、直線，所以點與直線是不變的；但平行的直線可能變成相交，所以「平行」不是不變的性質。除點與直線，似乎很難看出還有什麼性質是投影不變的，其實不然。

投影平面

為了言語上的方便，在探討投影不變性質時，我們把歐氏平面做適當的擴張，成為投影平面。

投影平面除含有歐氏平面外，還含一無窮遠直線；此直線上的點為各歐氏平行線束方向的無窮遠點，而每條歐氏直線都要加上它的方向無窮遠點而成為投影直線。（請注意：一直線兩端的無窮遠點是同一點。）

任兩直線都相交

在此投影平面中，任兩條直線都會相交於一點：任兩條由不平行歐氏直線擴張成的投影直線，當然就交於該兩歐氏直線的交點；若原來的兩歐氏直線平行，則相應的投影直線交於此兩平行歐氏直線共有的無窮遠點；而無窮遠直線與非無窮遠的投影直線，則相交於該投影直線的無窮遠點。

如此，投影平面到投影平面的投影變化，不但點對應到點，直線對應到直線，而且兩直線的交點，也對應到該兩直線的投影直線的交點。所以交點也是一種投影不變的性質。另外，連結兩點的直線，也對應到該兩點的投影點的連線，所以連線（或稱交線）也是一種投影不變性質。

這樣，投影平面上的點與直線，彼此的關係對等，如此就會導出所謂的對偶原理；我們以後會再談到。

投影空間

三維的歐氏空間同樣可以擴張成投影空間：投影空間包含歐氏空間及一無窮遠平面。此無窮遠平面為一投影平面，上面的任一投影直線同時也附加在歐氏空間的某一平面上，成為它的無窮遠直線，而合成為一投影平面。另外，歐氏空間中互相平行的平面，延伸到投影空間，也都會相交於一（無窮遠）直線。

在投影空間中，我們可考慮投影變化，也可以把投影影像限制到一投影平面上，而點、線、面、交點、連線、（兩面）交線、（兩線）連面都是投影不變性質。

垂直投影

文藝復興時，為了把宮殿、城堡建造得更精確，也發展了垂直投影圖的想法，把三維空間的實體投影到平面（地面或牆面）。這種投影也是一種空間到平面的投影變化，只是投影中心要看成垂直方向的無窮遠點。以某方向的無窮遠點為投影中心，也一樣可以有投影變化。

地圖

另外，為了航海的需要，也用各種投影法，把地球（儀）面上的實體，投影成平面的地圖。用投影，地球上圓形的經、緯線，到了地圖就變成橢圓、雙曲線、拋物線（或直線）(註 1)。的確，圓錐截痕（及其退化情形），在投影的觀點下，可看成同一族，亦即可以是投影的不變性質。這是往後要深入探討投影變化的一個重要課題。

克卜勒的錐線觀

克卜勒從眾多的卵形曲線中，找出橢圓，做為行星運動軌道的模型，他自然會對各類圓錐截痕之間的關係也做一番沈思。他說，讓橢圓的一個焦點固定，另一個焦點在長軸直線上滑動，使得兩焦點距離愈來愈遠，半短軸則保持不變，最後讓移動的焦點在無窮遠處消失，離心率變為 1，就得到單焦點的拋物線。如果讓焦點再移動，它就會從長軸直線的另一端出現，而拋物線就會變成為雙曲線。所以他認為，利用焦點的連續變動，這三類曲線可以互變。

無窮遠點、投影不變性質、連續（變化）原理，是文藝復興時代出現的新觀念。到了十七世紀，戴沙格（Desargue，1593～1662 年）及巴斯卡（B. Pascal，1623～1662 年）等人，就這些觀點加以發揮，想使投影幾何成為一門學問。

戴沙格定理

戴沙格有個定理如下：如果 $\triangle ABC$, $\triangle A'B'C'$ 的三雙對應頂點連線 $\overline{AA'}$, $\overline{BB'}$, $\overline{CC'}$ 會交於一點 P，那麼三雙對應邊 $\overline{BC}$、

$\overline{B'C'}$, $\overline{CA}$、$\overline{C'A'}$, $\overline{AB}$、$\overline{A'B'}$ 的交點 K, L, M 要在一直線上。

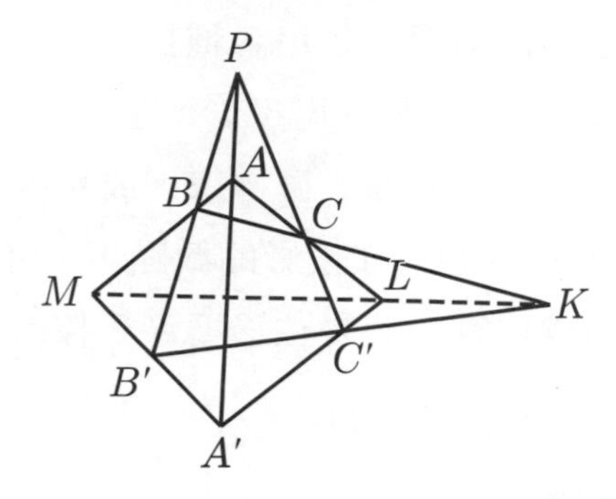

這個定理只關係到點、線、交點、連線，這些都是射影不變的性質。我們可以選一投影變化，把直線 PK 投影成無窮遠直線，如圖所示。因為 P 與 K 為無窮遠點，$\overline{AA'} /\!/ \overline{BB'} /\!/ \overline{CC'}$, $\overline{BC} /\!/ \overline{B'C'}$。所以這個定理在這個特殊情況下，要證明的是 $\overline{ML}$ 與 $\overline{BC}$（及 $\overline{B'C'}$）平行（歐氏觀點下），因此 $\overline{ML}$ 交 $\overline{BC}$ 於 $\overline{BC}$ 之無窮遠點 K（投影觀點下）。

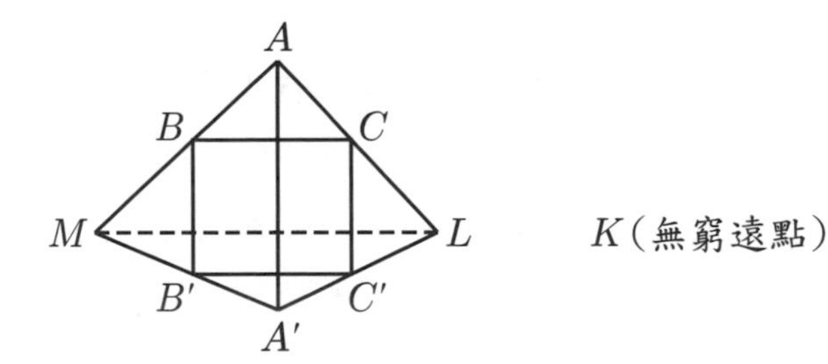

證明是很簡單的：因為 $\overline{MB} : \overline{MA} = \overline{BB'} : \overline{AA'} = \overline{CC'} : \overline{AA'} = \overline{LC} : \overline{LA}$，所以 $\overline{ML} /\!/ \overline{BC}$。反過來，證明了這種特殊情形，可把圖形用另一投影變化變回原圖形，而證明原圖形也有共線的性質。

巴斯卡定理

巴斯卡也有一個著名的定理，他說：一錐線上有六點 P_i, $1 \le i \le 6$，則三雙對邊 $\overline{P_1P_2}$, $\overline{P_4P_5}$、$\overline{P_2P_3}$, $\overline{P_5P_6}$、$\overline{P_3P_4}$, $\overline{P_6P_1}$ 的交點 K, L, M 會共線。

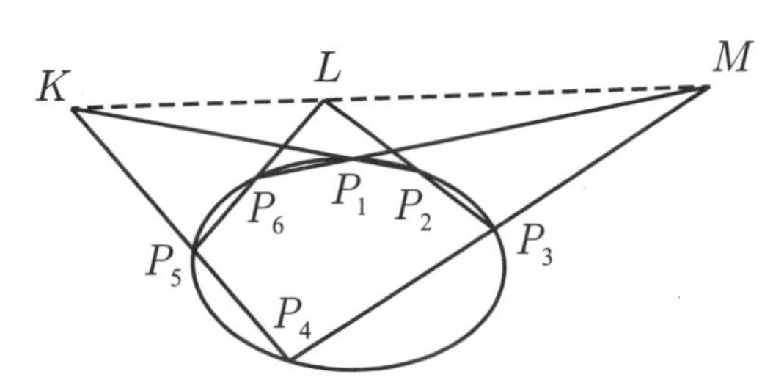

這個定理也很容易用投影的方法來證明：找一投影變化把 $\overline{KL}$ 投影到無窮遠直線，即得 $\overline{P_1P_2} /\!/ \overline{P_4P_5}$, $\overline{P_2P_3} /\!/ \overline{P_5P_6}$。所以要證的是 $\overline{P_3P_4} /\!/ \overline{P_6P_1}$，亦即兩者的交點 M 也在無窮遠直線上。而這種特殊狀況，用另一種投影不變性質的交比，很容易可證得。我們會在 5.2 節介紹交比，並完成巴斯卡定理的證明。

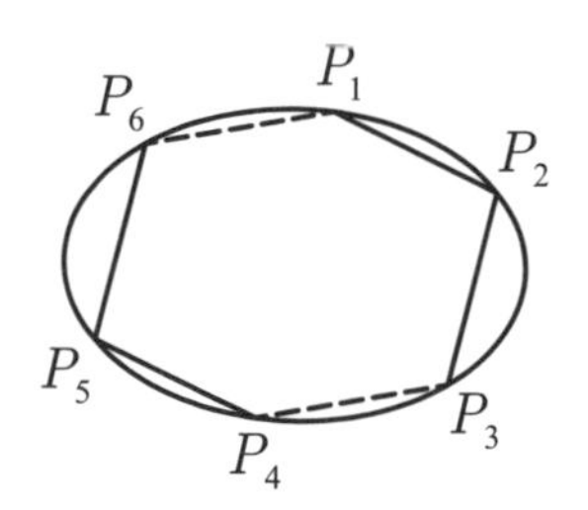

投影到無窮遠直線

在上面兩個定理的證明中，我們都將平面上的某一直線，投影到另一平面的無窮遠直線。這是辦得到的，具體的例子就是本節一開始所談到的畫板的投影，我們可以把投影反過來看，畫板上代表地平線的直線，經眼睛投影到大地，就成了大地上真正的無窮遠直線。其實更一般的結果是：給了投影空間的兩直線，總是可找到一個投影，把其中一直線投影成另一直線。

連續原理

巴斯卡還以他的定理為例，說明連續原理的應用。譬如，讓 P_6 逐漸趨近於 P_1，則 $\overline{P_1P_6}$ 逐漸變成過 P_1 的切線。巴斯卡說，基於連續的原理，連續變化後，定理仍然成立：設 P_i, $1 \le i \le 5$，為錐線上的五點，則 $\overline{P_1P_2}$, $\overline{P_4P_5}$ 的交點 K，$\overline{P_2P_3}$, $\overline{P_5P_1}$ 的交點 L，還有 $\overline{P_3P_4}$ 與過 P_1 的切線之交點 M，三點會共線。

如果再讓 P_3, P_4 重合，則得錐線上內接四邊形的一個定理：兩雙對邊的兩交點，與一對不相鄰兩頂點之切線的交點，共三點共線，如圖。（其實另一對不相鄰兩頂點之切線的交點也在此線上。）

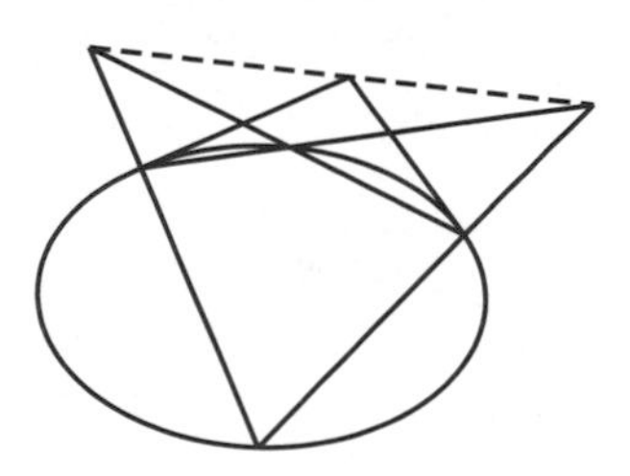

彭瑟雷

雖然投影的想法在十七世紀一時興起，不過那時候的顯學是坐標幾何與微積分，所以投影幾何曇花一現，不久就乏人問津。

直到十九世紀初，事情才又有了新的變化。有位法國軍人數學家彭瑟雷（Poncelet，1788～1867 年）追隨拿破崙，遠征帝俄，兵敗被捕。他在監獄中無事可做，於是把投影有關的數學，做個總整理，想使它成為一門學問（註 2）。

射影變化

他把投影變化的想法擴張成為射影變化。射影變化就是連續做幾次投影變化而得的總變化。譬如，從投影中心 O_1，把直線 ℓ_1 上的點 P_1，對應到直線 ℓ_2 上的點 P_2；另一個投影，從投影中心 O_2 又把直線 ℓ_2 上的點 P_2，投影到另一直線 ℓ_3 上的點 P_3。連續兩次的投影，結果把 ℓ_1 上的點對應到直線 ℓ_3 上的點。這兩次投影的合成就稱為一個**射影**。射影變換就不一定會有投影中心。

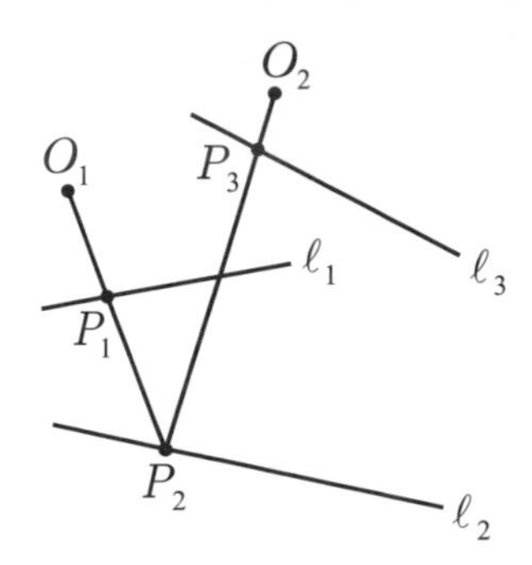

把投影擴張為射影（當然還包括原來的投影），理論的探討會比較周全；投影平面、投影空間、投影幾何也隨之可改名為射影平面、射影空間、射影幾何了。

極與極軸

除了提出射影觀念，彭瑟雷還強調連續原理，以及極與極軸的對偶原理 。 前面我們約略提過射影平面上點與直線的對偶關係，彭瑟雷想利用極與極軸來說明這種對偶關係。

所謂極指的是錐線外的一點，從該點作錐線的兩切線，兩切點的連線就稱為該（極）點（相對於此錐線）的極軸。（請詳見 5.3 節。）

坐標

到了彭瑟雷，射影幾何的基本想法都有了，大家也都體認到射影幾何有其方法與目的，是獨立的學門，絕不是歐氏幾何的分支。然而其中的幾個關鍵觀念，如無窮遠點、連續原理、對偶原理，卻無法有明確的定義或證明。只有等到 Möbius, Plücker, Cayley 等人引進坐標來描述射影平面（或空間），射影幾何才定性清楚，定量可得，成為獨立自主的幾何學。

一射影平面上的點，可用三數組坐標 (x_1, x_2, x_3) 來表示，三數不能同時為 0；而 $t \neq 0$ 時，(x_1, x_2, x_3) 與 (tx_1, tx_2, tx_3) 表示同一點。如果 $x_3 \neq 0$，則 (x_1, x_2, x_3) 表示其中歐氏平面的點 (x, y), $x = \frac{x_1}{x_3}$, $y = \frac{x_2}{x_3}$。而 $(x_1, x_2, 0)$ 則表示平面上方向為 (x_1, x_2) 的無窮遠點。所謂一個射影變換，就是坐標的一組線性變換 $(x_1, x_2, x_3) \to (x_1', x_2', x_3')$：

$$\begin{aligned} x_1' &= a_{11}x_1 + a_{12}x_2 + a_{13}x_3 \\ x_2' &= a_{21}x_1 + a_{22}x_2 + a_{23}x_3 \\ x_3' &= a_{31}x_1 + a_{32}x_2 + a_{33}x_3 \end{aligned}\text{，而}\begin{vmatrix} a_{11} & a_{12} & a_{13} \\ a_{21} & a_{22} & a_{23} \\ a_{31} & a_{32} & a_{33} \end{vmatrix} \neq 0$$

連續與對偶

當 a_1, a_2, a_3 不全為 0 時，$a_1x_1 + a_2x_2 + a_3x_3 = 0$ 可表示射影平面上的一條直線，此直線可用 (a_1, a_2, a_3) 來表示，而當 $t \neq 0$ 時，(ta_1, ta_2, ta_3) 表同一直線。所以點 (x_1, x_2, x_3) 與直線 (a_1, a_2, a_3) 的表法雷同。

用坐標的觀點，所謂連續變換就是 x_i 或 a_i 或 a_{ij} 的連續變換。連續變換的結果當然也就講得清楚。

另外，點 (x_1, x_2, x_3) 在直線 (a_1, a_2, a_3) 上，或直線 (a_1, a_2, a_3) 含點 (x_1, x_2, x_3) 的表示法 $a_1x_1+a_2x_2+a_3x_3=0$，對點與直線而言，是對稱的。其實這就可說明對偶原理。

戴沙格定理的對偶

點與直線是對偶的，交點與連線是對偶的。三角形由三條直線，及兩兩之交點所構成。其對偶則是由三點及兩兩之連線所構成者；三角形的對偶還是三角形。

我們就用對偶原理來看戴沙格定理的對偶定理是什麼。

戴沙格定理

若有兩三角形，其三雙對應頂點的連線共點，則其三雙對應邊的交點共線。

對偶定理

若有兩三角形，其三雙對應邊的交點共線，則其三雙對應頂點的連線共點。

戴沙格定理的對偶定理就是它本身的逆定理！

5.2 交比

在射影變化下，長度顯然不是不變的性質，然而長度之比又如何？

長度比也會變

其實，我們可以找到一射影變換，將一直線上的任三點，射影到另一直線上的任三點——長度比當然無法保持不變。

假定 A, B, C 為一直線 ℓ 上的三點，A_1, B_1, C_1 為另一直線 ℓ_1 上的三點。以 $\overline{AA_1}$ 方向的無窮遠點為投影中心，將 ℓ_1 投影到 ℓ_2，使得 A_1, B_1, C_1 分別投影到 ℓ_2 的 $A_2\ (=A), B_2, C_2$。取 $\overline{B_2B}$, $\overline{C_2C}$ 的交點 O，再以 O 為投影中心，把 ℓ_2 投影到 ℓ。這樣，經過兩次投影的結果，A_1, B_1, C_1 分別射影到 A, B, C，而長度比 $\overline{AB}/\overline{BC}$, $\overline{A_1B_1}/\overline{B_1C_1}$ 卻是可以任意的。

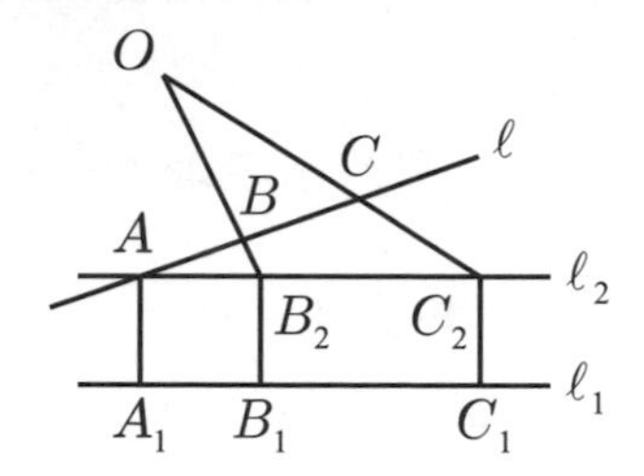

交比 (cross ratio)

假定直線 ℓ 上有 A, B, C, D 四點，則此四點的**交比** $(A, B; C, D)$ 就是

$$\frac{\overline{AC}}{\overline{BC}}\Big/\frac{\overline{AD}}{\overline{BD}}$$

它是長度比的比，是投影變換一個非常重要的不變性質。

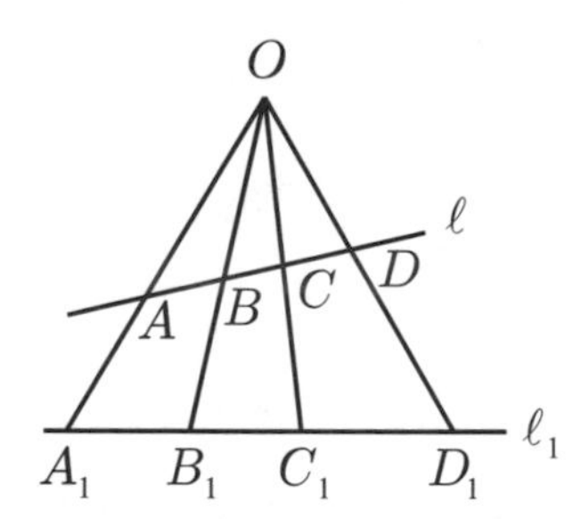

從直線 ℓ 之外一點 O，連 $\overline{OA}, \overline{OB}, \overline{OC}, \overline{OD}$。依據正弦律，

$$\frac{\overline{AC}}{\overline{OC}}=\frac{\sin\angle AOC}{\sin\angle OAC},\ \frac{\overline{OC}}{\overline{BC}}=\frac{\sin\angle OBC}{\sin\angle BOC}$$

將兩式相乘，就得

$$\frac{\overline{AC}}{\overline{BC}}=\frac{\sin\angle AOC\cdot\sin\angle OBC}{\sin\angle BOC\cdot\sin\angle OAC}$$

同理可得

$$\frac{\overline{AD}}{\overline{BD}}=\frac{\sin\angle AOD\cdot\sin\angle OBD}{\sin\angle BOD\cdot\sin\angle OAD}$$

因為 $\angle OBC=\angle OBD,\ \angle OAC=\angle OAD$，將上兩式相除，就得

$$(A,\ B;\ C,\ D)=\frac{\overline{AC}}{\overline{BC}}\Big/\frac{\overline{AD}}{\overline{BD}}=\frac{\sin\angle AOC}{\sin\angle BOC}\Big/\frac{\sin\angle AOD}{\sin\angle BOD}$$

如果以 O 為中心的投影，將直線 ℓ 投影到直線 ℓ_1，將 $A,\ B,\ C,\ D$ 分別投影到 ℓ_1 的 $A_1,\ B_1,\ C_1,\ D_1$，那麼交比 $(A_1,\ B_1;\ C_1,\ D_1)$ 公式中的那些角，與 $(A,\ B;\ C,\ D)$ 的完全相同。所以就得交比是投影不變的：

$$(A_1,\ B_1;\ C_1,\ D_1)=(A,\ B;\ C,\ D)$$

交比的觀念首先由四世紀的帕普斯提出，並證出，當 $A=A_1$ 時，兩交比是相等的。

調和點列

在定義交比時，$A,\ B,\ C,\ D$ 四點在直線上不必要有一定的順序。而當順序為 $A,\ C,\ B,\ D$（也可以說順序為 $D,\ B,\ C,\ A$），且 $(A,\ B;\ C,\ D)=1$ 時，我們就說 $C,\ D$ 將線段 $\overline{AB}$ 內外分成等比，或者說這四點為**調和點列**。$A,\ B,\ C,\ D$ 為調和點列時，$C,\ D,\ A,\ B$ 也為調和點列。

如果 M 為 $\overline{AB}$ 的中點，則 $A,\ B,\ C,\ D$ 為調和點列的充要條件為 $\overline{MB}^2=\overline{MC}\cdot\overline{MD}$，亦即 $\overline{MB}$ 為 $\overline{MC},\ \overline{MD}$ 的比例中項：因為 $(A,\ B;\ C,\ D)=1$ 就是 $\overline{AC}\cdot\overline{BD}=\overline{AD}\cdot\overline{BC}$。將此式就 M 點分解，得

$$(\overline{MA}+\overline{MC})(\overline{MD}-\overline{MB})=(\overline{MA}+\overline{MD})(\overline{MB}-\overline{MC})$$

並注意 $\overline{MA}=\overline{MB}$，整理後就得 $\overline{MB}^2=\overline{MC}\cdot\overline{MD}$。

M

A C B D

錐線與調和點列

下面舉幾個簡單的例子，來看錐線與調和點列的關係。設 P 為圓外一點，$\overline{PS}$, $\overline{PT}$ 為切線，從 P 任引一割線，交圓於 A, B，交 $\overline{ST}$ 於 Q。下面要證明 $(A, B; Q, P)=1$，亦即 A, B, Q, P 四點為調和點列。

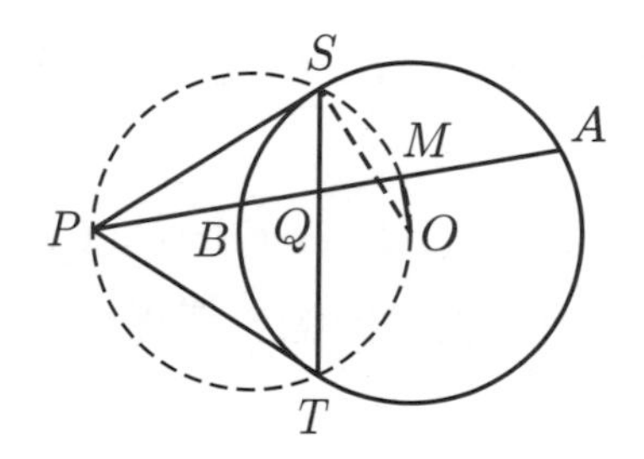

P, S, O, T 會共一圓，而此新圓與弦 $\overline{AB}$ 的交點 M 必為 $\overline{AB}$ 的中點，因為 $\overline{OM}$ 垂直 $\overline{AB}$（$\overline{OP}$ 為新圓的直徑）。$\overline{ST}$ 為兩圓的公弦，所以

$$\overline{SQ}\cdot\overline{TQ}=\overline{AQ}\cdot\overline{BQ}=\overline{MQ}\cdot\overline{PQ}$$

將最後一個等式就 M 點分解，得

$$(\overline{MA}+\overline{MQ})\cdot(\overline{MB}-\overline{MQ})=\overline{MQ}\cdot(\overline{MP}-\overline{MQ})$$

記得 $\overline{MA}=\overline{MB}$，則由上式馬上就得 $\overline{MB}^2=\overline{MQ}\cdot\overline{MP}$。

把圓投影成橢圓，上面的結果就變成：從橢圓外一點 P 所引之割線 $\overline{PBA}$，若交兩切線 $\overline{PS}$, $\overline{PT}$ 之切點連線 $\overline{ST}$ 於 Q 點，則

$(A, B; Q, P)=1$。這是因為在投影之下，圓變為橢圓，切線不變，割線不變，交比也不變。

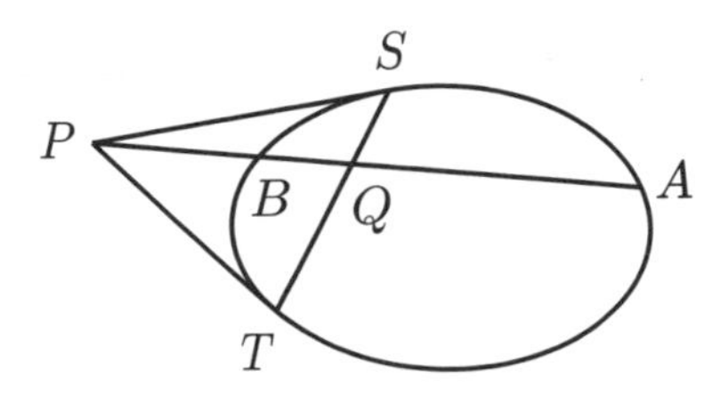

切線新作法

這樣，我們就另有一個求橢圓切線的方法：從橢圓外一點 P，任引兩條割線 $\overline{PB_1A_1}$, $\overline{PB_2A_2}$，在兩割線上各取一點 Q_1, Q_2，使得 $(A_1, B_1; Q_1, P)=(A_2, B_2; Q_2, P)=1$。設通過 Q_1, Q_2 的直線交橢圓於 T_1, T_2，則 $\overline{PT_1}$, $\overline{PT_2}$ 就是切線。

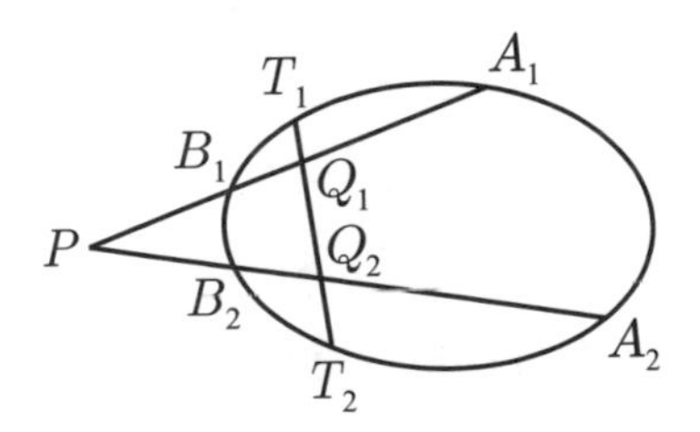

完全四邊形

我們的問題變成：如何取 $Q_1(Q_2)$ 使得 $(A_i, B_i; Q_i, P)=1$ 呢？為此，我們轉而探討一完全四邊形的調和點列性質。

如圖，實線部分稱為一完全四邊形（共四邊、六頂點），不共邊兩頂點連線 $\overline{AD}$, $\overline{BE}$, $\overline{CF}$ 都稱為對角線。此三對角線兩兩交於 K, L, M，則 $(A, D; K, M)=(F, C; L, M)=(B, E; L, K)=1$。

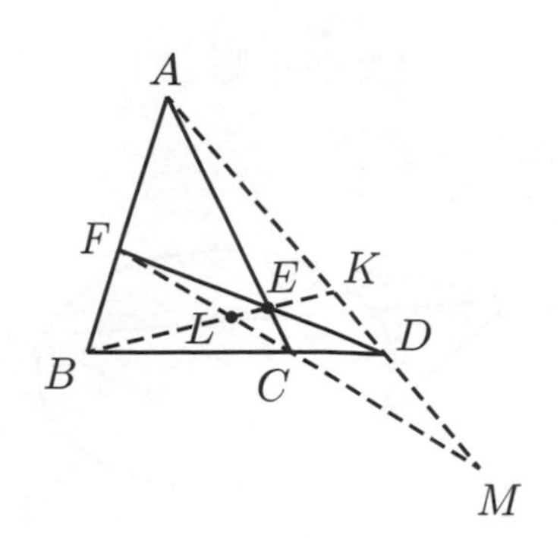

理由如下：

$$(A,\ D;\ K,\ M) = (C,\ F;\ L,\ M) = (D,\ A;\ K,\ M)$$

兩個等號是分別以 E 及 B 為投影中心得到的。頭尾兩交比相等表示

$$\frac{\overline{AK}}{\overline{DK}}\bigg/\frac{\overline{AM}}{\overline{DM}} = \frac{\overline{DK}}{\overline{AK}}\bigg/\frac{\overline{DM}}{\overline{AM}}$$

上式兩邊互為倒數，所以各要等於 1，亦即 $(A,\ D;\ K,\ M) = 1$。同理，其他兩個交比也都等於 1。

所以，給了一直線上的三點 A, D, M，怎樣取得第四點 K，使得 $(A,\ D;\ K,\ M) = 1$ 這樣的問題，就可以交給完全四邊形了：任作 $\overline{DB}$, $\overline{AB}$ 及 $\overline{MCF}$，再作 $\overline{CA}$, $\overline{FD}$ 交於 E，則 $\overline{BE}$ 與 $\overline{AD}$ 的交點就是 M。

其實，有投影觀念之前，完全四邊形的一些性質都已研究清楚，那算是投影的前史，本節另闢專欄來說明。

再訪平行線

如果 $(A,\ B;\ M,\ P) = 1$ 中的 P 點為無窮遠點，則 $\dfrac{\overline{AP}}{\overline{BP}} = 1$，所以 $\overline{AM} = \overline{BM}$，亦即 M 為 $\overline{AB}$ 的中點時，A, B, M 及無窮遠點

為調和點列。考慮橢圓中的一組平行弦 $\overline{AB}$，設 P 為 $\overline{AB}$ 方向的無窮遠點，而 $\overline{PS}$, $\overline{PT}$ 為切線（亦即過 S, T 的切線平行於 $\overline{AB}$），$\overline{ST}$ 交 $\overline{AB}$ 於 M。因 $\overline{PAB}$ 為割線，$(A, B; M, P) = 1$，M 要為 $\overline{AB}$ 之中點。這就是以前說過的結果：橢圓一組平行弦的中點全落在同一直線（直徑）上，且此直徑兩端的切線都與這組弦平行。

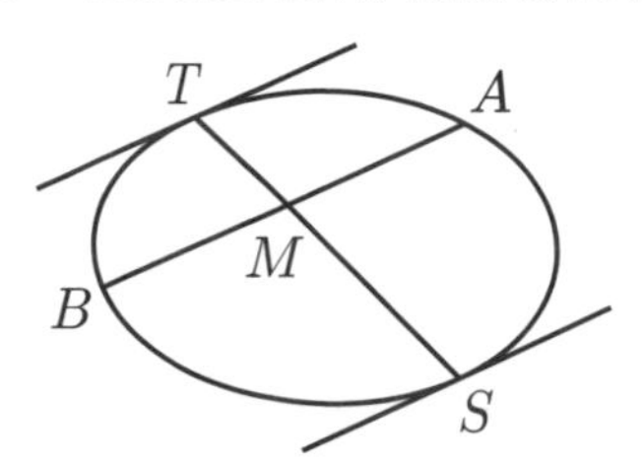

其實有關橢圓切線的這些性質，阿波氏都已證明過，但那時候並沒有投影、不變性質的觀念，他是硬生生用古典幾何證明的。

線交比

現在回頭再來更進一步研究交比。過一點 P 有一線束 $\overline{PA}$, $\overline{PB}$, $\overline{PC}$, $\overline{PD}$。設一直線交此線束於 K, L, M, N 四點，則交比 $(K, L; M, N)$ 為定值，與直線 $\overline{KLMN}$ 無關，只與線束有關。稱為此線束之線交比，記做 $(\overline{PA}, \overline{PB}; \overline{PC}, \overline{PD})$ 或 $P(A, B; C, D)$。

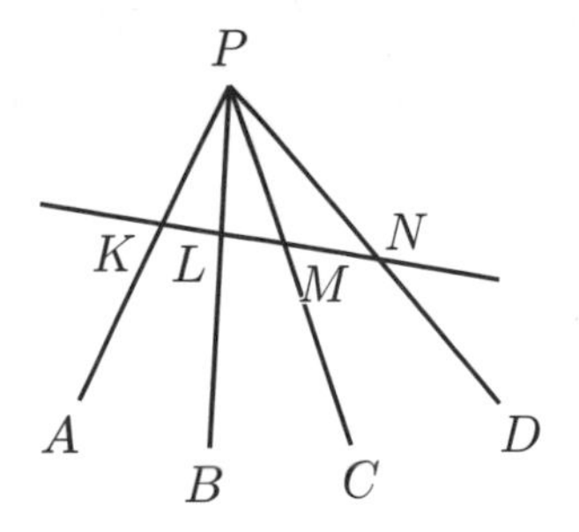

圓交比

如果 A, B, C, D 為一圓上之四點，P 為圓上另一點，則線交比 $P(A, B; C, D)$ 與 P 點無關，因為

$$P(A, B; C, D)=\frac{\sin\angle APC\cdot\sin\angle BPD}{\sin\angle BPC\cdot\sin\angle APD}$$

而式中的這些角都為各弧的圓周角，與 P 點無關。此交比稱為此四點之圓交比，簡記為 $(A, B; C, D)$。把圖投影成錐線，也可以定義錐線上四點的交比。

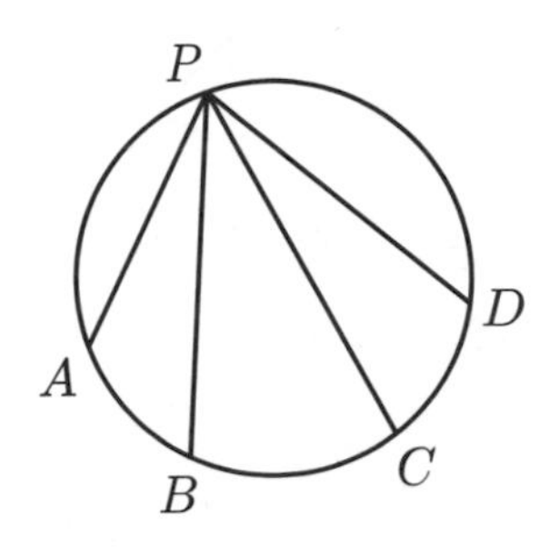

巴斯卡定理

有了這些交比的延伸，回頭來完成巴斯卡定理的證明。我們在 5.1 節已說明，只要處理下面特殊情形就好：橢圓內接六邊形 $P_1P_2P_3P_4P_5P_6$，其中 $P_1P_2/\!/P_4P_5$, $P_2P_3/\!/P_5P_6$，而要證明 $P_3P_4/\!/P_6P_1$。

考慮 $P_4(P_1, P_2; P_3, P_5)$ 及 $P_6(P_1, P_2; P_3, P_5)$；此兩橢圓交比是相等的。將這共同的四點，分別從 P_4 及 P_6 投影到直線 $\overline{P_1P_2}$ 及 $\overline{P_2P_3}$ 上，各得到 P_1, P_2, A（$\overline{P_1P_2}$ 與 $\overline{P_3P_4}$ 的交點），∞_1（$\overline{P_1P_2}$, $\overline{P_4P_5}$ 的共同無窮遠點）四點，以及 B（$\overline{P_1P_6}$ 與 $\overline{P_2P_3}$ 的交點），P_2, P_3, ∞_2（$\overline{P_2P_3}$, $\overline{P_5P_6}$ 的共同無窮遠點）四點。所以

$$P_4(P_1, P_2; P_3, P_5)=(P_1, P_2; A, \infty_1)=\frac{\overline{P_1A}}{\overline{P_2A}}$$

$$P_6(P_1, P_2; P_3, P_5)=(B, P_2; P_3, \infty_2)=\frac{\overline{BP_3}}{\overline{P_2P_3}}$$

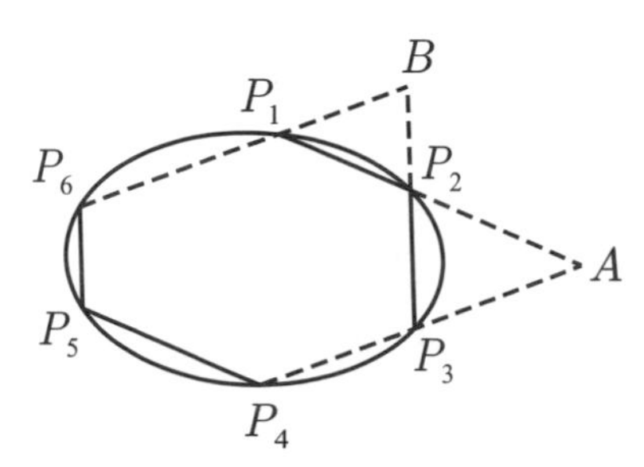

但這兩個交比是相等的，所以 $\frac{\overline{P_1A}}{\overline{P_2A}}=\frac{\overline{BP_3}}{\overline{P_2P_3}}$，因此 $\overline{P_3P_4}/\!/\overline{P_6P_1}$。

帕普斯定理

兩直線是錐線的一種退化情形。把錐線投影成兩直線，則十七世紀的巴斯卡定理，就變成四世紀的帕普斯定理：假設點 P_1, P_3, P_5 在一條直線上，點 P_2, P_4, P_6 在另一條直線上，則 $\overline{P_1P_2}$, $\overline{P_4P_5}$ 的交點，$\overline{P_2P_3}$, $\overline{P_5P_6}$ 的交點，以及 $\overline{P_3P_4}$, $\overline{P_6P_1}$ 的交點，這三點會在一條直線上。

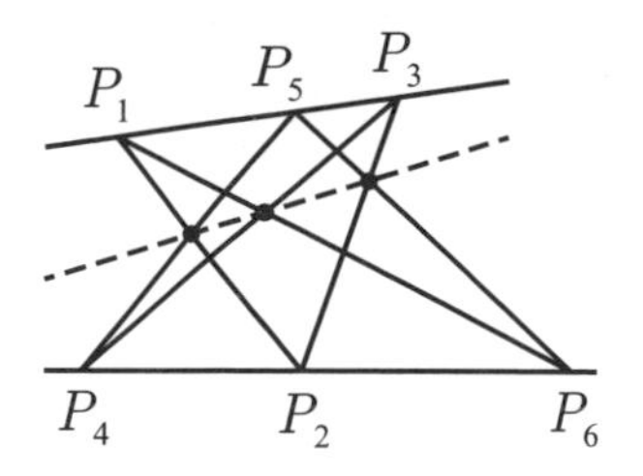

帕普斯定理是巴斯卡定理的特例。

專欄：投影前史

其實完全四邊形 $ABCDEF$，本身就是一個投影不變的圖形，它在投影變化之下，還是一個完全四邊形。更有甚者，

$$\frac{\overline{BD}}{\overline{CD}}\cdot\frac{\overline{CE}}{\overline{AE}}\cdot\frac{\overline{AF}}{\overline{BF}}=1$$

是投影不變的性質。此公式稱為孟尼勞斯 (Menelaus) 定理。

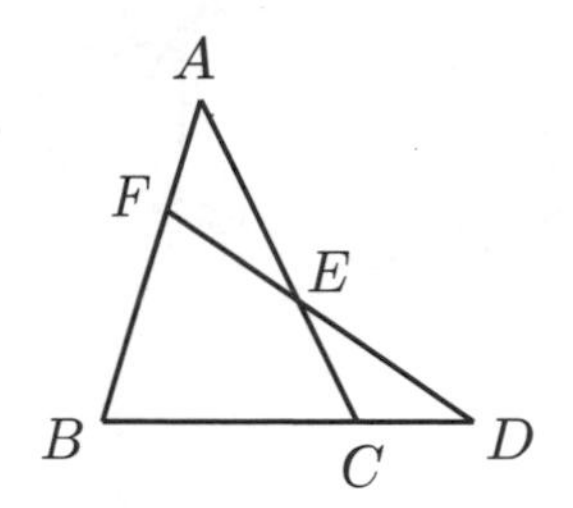

孟尼勞斯定理

此定理的球面三角版本，最早由亞歷山卓的孟尼勞斯證得（西元 98 年）。他的證明引用了上面的平面三角版本；顯然平面三角的孟尼勞斯定理，是由孟尼勞斯本人或之前的人證得的。通常引述孟尼勞斯定理時，總是說：$\triangle ABC$ 的三邊（或其延線）為一直線 $\overline{DEF}$ 所截，則分割三邊所成的三個線段比的乘積為 1。

反之，若 D, E, F 為三邊上之點，而此乘積若為 1，則 D, E, F 要在一直線上。通常孟尼勞斯定理可用來處理三點共線的問題。

孟尼勞斯定理的證明，也和交比一樣，可用正弦律：

$$\frac{\overline{CE}}{\overline{CD}}=\frac{\sin\angle CDE}{\sin\angle CED},\ \frac{\overline{AF}}{\overline{AE}}=\frac{\sin\angle AEF}{\sin\angle AFE},\ \frac{\overline{BD}}{\overline{BF}}=\frac{\sin\angle BFD}{\sin\angle BDF}$$

三式相乘即得。

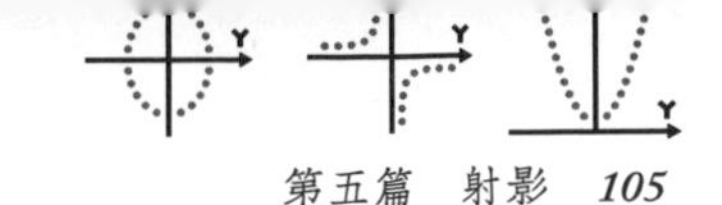

孟尼勞斯定理與交比

其實孟尼勞斯定理與交比不變，兩者是等價的。假定孟尼勞斯定理成立，而 $\overline{DEF}$, $\overline{DGH}$ 為 $\triangle ABC$ 的兩截線，則根據孟尼勞斯定理，

$$\frac{\overline{BD}}{\overline{CD}}\cdot\frac{\overline{CE}}{\overline{AE}}\cdot\frac{\overline{AF}}{\overline{BF}}=1,\ \frac{\overline{BD}}{\overline{CD}}\cdot\frac{\overline{CG}}{\overline{AG}}\cdot\frac{\overline{AH}}{\overline{BH}}=1$$

比較兩式，得

$$\frac{\overline{CE}}{\overline{AE}}\cdot\frac{\overline{AF}}{\overline{BF}}=\frac{\overline{CG}}{\overline{AG}}\cdot\frac{\overline{AH}}{\overline{BH}}\text{，或 }\frac{\overline{CE}}{\overline{AE}}\Big/\frac{\overline{CG}}{\overline{AG}}=\frac{\overline{BF}}{\overline{AF}}\Big/\frac{\overline{BH}}{\overline{AH}}$$

亦即，$(C,\ A;\ E,\ G)=(B,\ A;\ F,\ H)$，這就是交比不變。

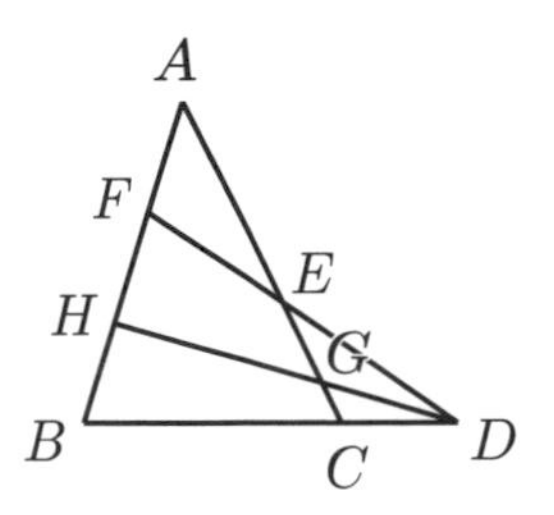

反之，假定交比不變，由上式倒推回去，可得

$$\frac{\overline{BD}}{\overline{CD}}\cdot\frac{\overline{CE}}{\overline{AE}}\cdot\frac{\overline{AF}}{\overline{BF}}=\frac{\overline{BD}}{\overline{CD}}\cdot\frac{\overline{CG}}{\overline{AG}}\cdot\frac{\overline{AH}}{\overline{BH}}$$

我們讓 $\triangle ABC$ 的截線 $\overline{DEF}$ 不動，另取適當的截線 $\overline{DGH}$，使得等式的右邊很明顯等於 1，就可證得直線 $\overline{DEF}$ 截 $\triangle ABC$ 的孟尼勞斯定理：取 $\overline{AC}$ 延線上一點 G，使得 $\overline{DG}\,/\!/\,\overline{AB}$；設 H 為 $\overline{AB}$（及 $\overline{DG}$）方向的無窮遠點，則

$$\frac{\overline{BD}}{\overline{CD}}\cdot\frac{\overline{CG}}{\overline{AG}}=1\text{，且 }\frac{\overline{AH}}{\overline{BH}}=1$$

因此

$$\frac{\overline{BD}}{\overline{CD}}\cdot\frac{\overline{CG}}{\overline{AG}}\cdot\frac{\overline{AH}}{\overline{BH}}=1$$

A
C D
B
G

不過，孟尼勞斯並沒有投影的觀念，以上說明只能算是投影觀念的前史，以及事後的補充說明。二百年後的帕普斯處理了交比不變性質，但也沒有發展投影觀念。

西瓦定理

三角形三邊為一直線所截的圖形，其對偶圖形就是過三角形三頂點，各引一直線，而此三直線交於一點。設三直線與三邊交於 D, E, F，則

$$\frac{\overline{BD}}{\overline{CD}}\cdot\frac{\overline{CE}}{\overline{AE}}\cdot\frac{\overline{AF}}{\overline{BF}}=1\text{。}$$

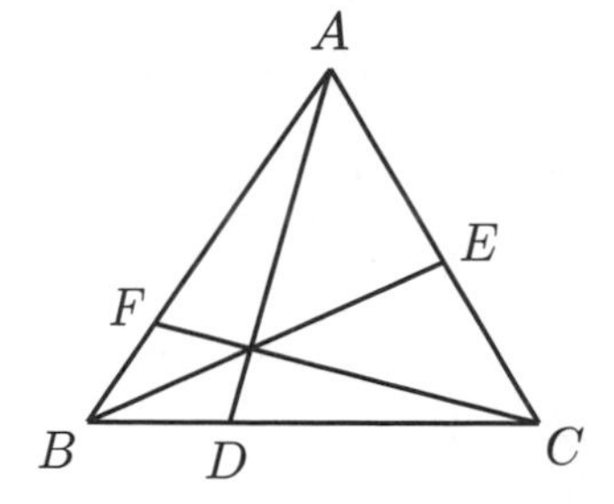

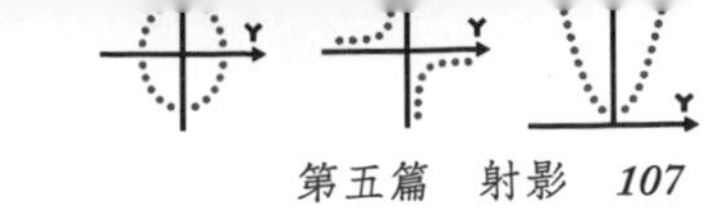

此即西瓦 (Ceva) 定理，直到十七世紀才發現，它可用來處理三直線共點的問題。

在西瓦定理的圖中，設 $\overline{FE}$ 交 $\overline{BC}$ 於 K，則由完全四邊形的調和點列性質，$\dfrac{\overline{BD}}{\overline{CD}}=\dfrac{\overline{BK}}{\overline{CK}}$，就知道西瓦定理和孟尼勞斯定理（$\overline{KEF}$ 截 $\triangle ABC$），在交比的觀點下，是可以互導的。

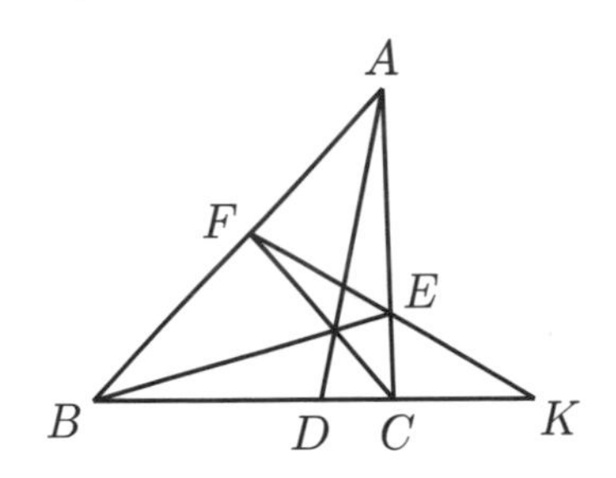

5.3 對偶原理

從橢圓外一點 P，作兩切線 $\overline{PS}$, $\overline{PT}$，則切點的連線 $\overline{ST}$ 與 P 點的關係非常密切。我們稱 P 點為極，則直線 ST 為 P 相對於此橢圓的極軸。下面要討論這種點（極）與直線（極軸）的對偶原理。

為了方便，我們討論圓的情形；橢圓的情形可用投影的方法推得。

極與極軸

首先，如果 P 在圓 O 內或圓 O 上，我們也得找一條直線與之對應：不管 P 點在哪裡，在 $\overline{OP}$（或其延線）上找一點 Q，使得 $\overline{OP}\cdot\overline{OQ}=r^2$，$r$ 為半徑，則過 Q 且垂直於 $\overline{OP}$ 之直線，就稱為 P 之極軸。當然，過 P 點且垂直於 $\overline{OP}$ 之直線，就是 Q 點的極軸。如果 P 在圓外，則新的極軸定義與原來的相同；P 在圓上，其極

軸就是過 P 點的切線；P 為圓心，則極軸為無窮遠直線。

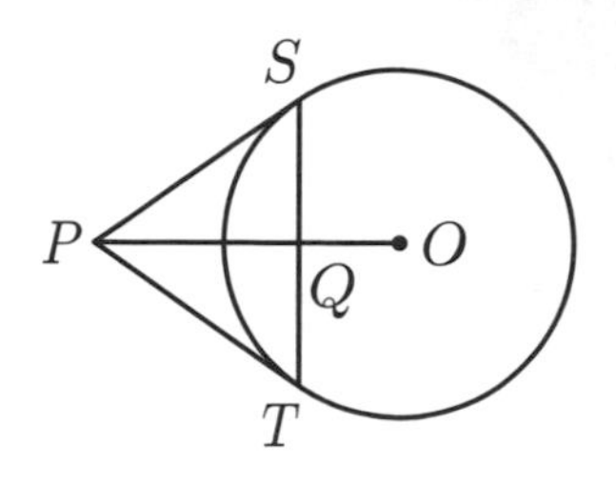

對偶

假設有圓 O 及任意兩點 P_1, P_2。設 O 至 $\overline{P_1P_2}$ 的垂足為 P，ℓ_1 為 P_1 之極軸，它與 $\overline{OP_1}$ 交於 Q_1，與 $\overline{OP}$ 交於 Q。因為 $\angle P_1Q_1Q = \angle P_1PQ =$ 直角，P, P_1, Q_1, Q 四點共圓，所以

$$\overline{OP}\cdot\overline{OQ}=\overline{OP_1}\cdot\overline{OQ_1}=r^2$$

亦即，Q 點為 P 之極軸 ℓ 與 $\overline{OP}$ 之交點。

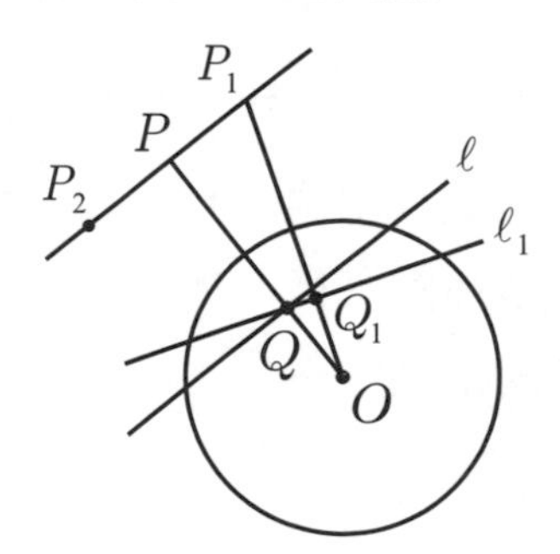

換句話說，P_1 之極軸會過 Q 點。同理 P_2（或 $\overline{P_1P_2}$ 上任一點）之極軸 ℓ_2 也會過 Q 點。亦即，我們得到如下的結果：兩點 P_1, P_2 連線之極點 Q，為此兩點之極軸 ℓ_1, ℓ_2 的交點；或者，兩直線 ℓ_1, ℓ_2 交點 Q 之極軸，為此兩直線之極 P_1, P_2 的連線。

神奇的圓

這就是極與極軸的對偶關係：在一個對的陳述中，把點（極）與直線（極軸）互換，把連線與交點互換，所得的新陳述也會是對的。譬如，相對於某個圓，把戴沙格定理做對偶陳述，就得到另一個定理——原定理的逆定理。

彭瑟雷就是用極與極軸的對應，來解釋射影幾何中，點與直線的對偶關係。不過憑空跑出一個圓，而且任何圓都可以，這未免太神奇了。後人發現圓是多餘的；有了射影坐標，如 5.1 節所提示的，對偶原理的成立，自然就不必靠圓了。

巴斯卡定理的對偶

把對偶原理應用到巴斯卡定理，我們得到巴斯卡定理及其對偶定理的對應如下：

巴斯卡定理

橢圓上有六點 $P_1, P_2, P_3, P_4, P_5, P_6$，連線 $\overline{P_1P_2}$ 及連線 $\overline{P_4P_5}$ 的交點為 K，連線 $\overline{P_2P_3}$ 及連線 $\overline{P_5P_6}$ 的交點為 L，連線 $\overline{P_3P_4}$ 及連線 $\overline{P_6P_1}$ 的交點為 M，則 K, L, M 三點共線。

對偶定理

橢圓上有六條切線 $p_1, p_2, p_3, p_4, p_5, p_6$，$p_1, p_2$ 交點及 p_4, p_5 交點的連線為 k， p_2, p_3 交點及 p_5, p_6 交點的連線為 ℓ，p_3, p_4 交點及 p_6, p_1 交點的連線為 m，則 k, ℓ, m 三直線共點。

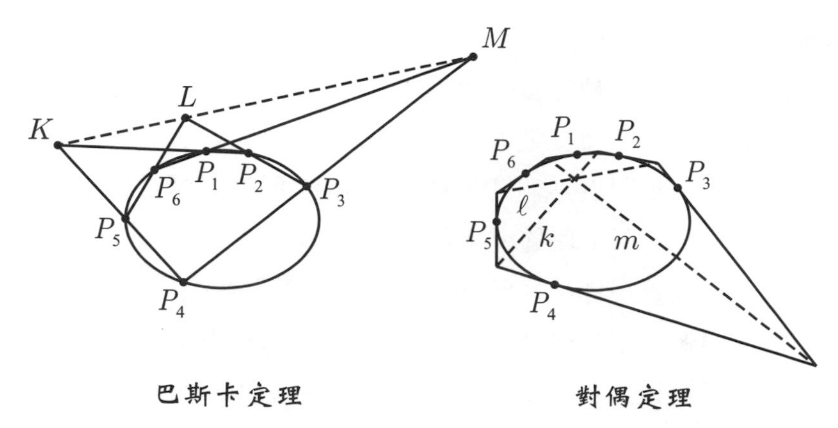

巴斯卡定理　　　　對偶定理

簡單說，巴斯卡定理的對偶定理是這樣的：橢圓外切六邊形之三雙對角線共點。這個定理是十九世紀數學家布里安強（Brianchon，1785～1864 年），用極與極軸的關係發現的。

在此巴斯卡定理及其對偶布里安強定理的討論中，橢圓是定理的一部分，不出現也不行。不過在巴斯卡定理中，橢圓是點的軌跡，而在布里安強定理中，橢圓是切線所包絡而成的。前者稱為點橢圓，後者稱為線橢圓，而兩者是對偶的。這樣的觀點正是下一節要討論的主題。

5.4 點錐線與線錐線

所謂點錐線，就是通常所說的錐線，只是強調錐線是點的軌跡；與點錐線對偶的就是線錐線。相對於錐線上的點，對偶就是過該點的切線，錐線可看成為由所有切線包絡而成的曲線（或者是切線的「軌跡」），就是所謂的線錐線。

用錐線建立射影連結

假定 P_1, P_2 為錐線上固定的兩點，則過 P_1 的線束與過 P_2 的

線束之間，有一所謂的射影連結：若過 P_1 的一直線 a_1 交錐線於 A，則將 a_1 與過 P_2 及 A 之直線 a_2 相對應起來。這樣，利用了一錐線，就建立起兩線束之間的一一對應，而且如果 a_1, b_1, c_1, d_1 為過 P_1 之任意四直線，而 a_2, b_2, c_2, d_2 為相對應的、過 P_2 的四條直線，則線交比 $(a_1, b_1, c_1, d_1)=(a_2, b_2, c_2, d_2)$。

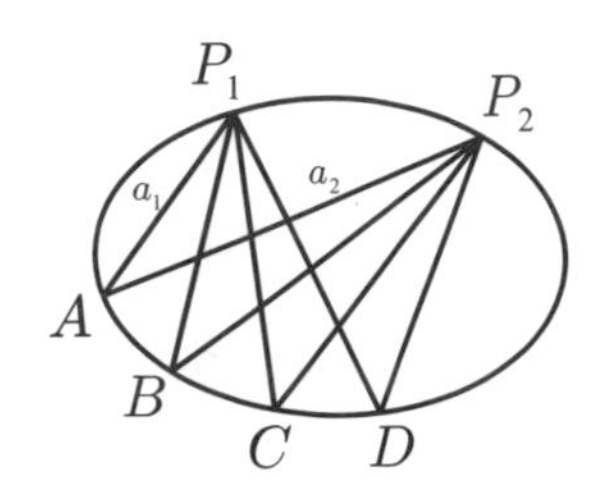

一般的射影連結

以上，我們只不過是把圓交比及其到錐線上的推廣，用射影連結的觀念重新敘述一遍。脫離錐線，如果兩線束之間的直線有某種一一對應的關係，而且一線束的任四條直線，與另一線束相對應的四條直線，其線交比總是相等，我們就說兩線束之間有了射影連結。所以錐線是某兩個有射影連結線束的相對應直線之交點的軌跡。有趣的問題是，反過來，如果兩線束是射影連結的，那麼相對應直線之交點的軌跡為何？

直線可為射影連結的軌跡

假定 P_1, P_2 為固定兩點，我們很容易借由不過這兩點的一直線 ℓ 上的點，建立起過 P_1, P_2 兩線束之間的射影連結。而此兩線束相對應直線之交點的軌跡，就是這條直線 ℓ；它不是真正的錐線，只是錐線的退化情形。

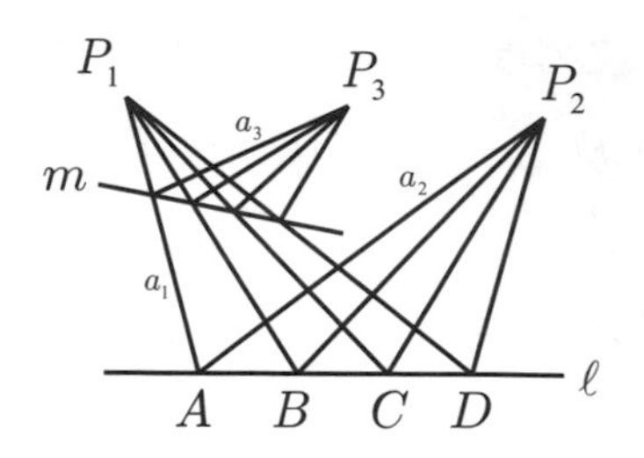

圖中過 P_1, P_2 的線束及直線 ℓ，就呈現了這樣的射影連結。設 m 為過 P_1 線束的一截線，P_3 為 m 外一點（不同於 P_1, P_2），則利用 m 及過 P_1 之線束，可建立起過 P_3 線束與過 P_2 線束之間的射影連結（直線 a_3 對應到 a_1，再對應到 a_2）。那麼這兩線束相對應直線之交點的軌跡就不一定是直線了。但，是什麼呢？

交點軌跡

我們的答案是：兩個有射影連結的線束，其相對應直線之交點的軌跡，要為錐線或其退化情形。其證明的大要如下：假設 P_1, P_2 為此兩線束通過的點，另外任取三個交點 A, B, C。作一錐線（或退化情形）通過這五個點（這是辦得到的，因為一般 x, y 的三次方程式有五個獨立的係數）。再把此錐線投影變成圓（相應的點仍用原符號表示）。我們要證明，任一其他交點（的投影）也會在圓上。

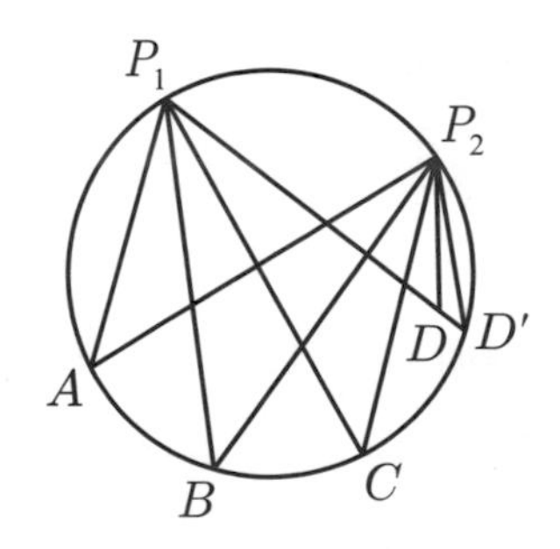

假設 D 為任一其他交點，但不在圓上，而 $\overline{P_1D}$（或延線）交圓於 D'，則

$$P_2(A,\ B;\ C,\ D') = P_1(A,\ B;\ C,\ D) = P_2(A,\ B;\ C,\ D)$$

但這是不可能的，因為交比（或線交比）值固定時，第四點（或線）就完全由前三點（或線）決定了。唯一的可能是 $D = D'$，且在圓上（註 3）。

錐線的新定義

我們的結論是：兩射影連結線束的相對應直線之交點的軌跡是為錐線或其退化情形。反過來，我們也可以把錐線（含退化情形）定義成：有射影連結之兩線束，其相對應直線之交點的軌跡。這種定義的特色是，我們只用了點、直線及交比等投影不變性質：沒有截痕，沒有焦點，沒有準線，沒有關係式。

線錐線

用對偶的觀點來看以上所談的。線束是過一定點的所有直線，其對偶就是一定直線上所有的點。兩線束有射影連結表示，兩線束的直線有一一對應，而一線束的任四條直線，與另一線束相對應的四條直線，都有相同的交比。將其對偶化，兩直線有射影連結表示，兩直線的點有一一對應，而一直線上的任四點，與

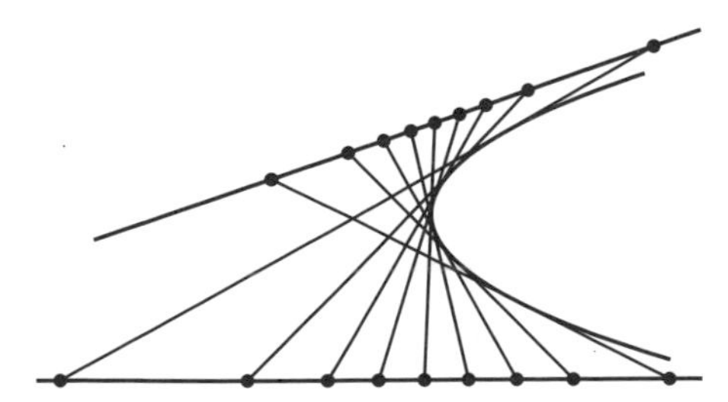

另一直線上相對應的四點，都有相同的交比。錐線是兩射影連結線束的相對應直線之交點的軌跡；將其對偶化，錐線是兩射影連結直線的相對應點之連線的軌跡。這裡的連線是錐線的切線，與前一定義的交點之為錐線上的點是相對偶的。交點的軌跡稱為點錐線，切線所包絡成的「軌跡」稱為線錐線。線錐線的定義也只用到了點、直線及交比。

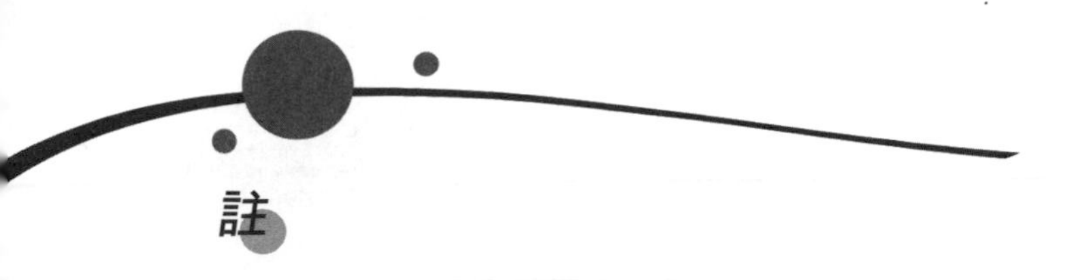

註

1. 這裡的投影指的就是視線投影；繪製地圖還可用廣義的（數學）投影，那時候圓的投影就不一定是錐線了。關於地圖繪製可參閱曹亮吉的《阿草的數學天地》（天下），第 5 篇。
2. 彭瑟雷蹲監時，還注意到帝俄境內使用的俄國式算盤，覺得頗具教學功能，後來就帶回法國，加以推廣。此種算盤有多列木軸，每列通常有 10 粒珠子，可在木軸上滑動；中間兩個塗有不同顏色，以便認讀數字。倒數第四列只有一個珠子，代表小數點的位置。這樣的算盤不但可以記數（到三位小數），而且也可以做加減計算。
3. 我們所定義的交比皆為正值，因此兩交比 $(A, B; C, D) = (A, B; C, D')$ 時，D, D' 並不一定要為同一點；A, B, D', D 可為調和點列。更嚴格的交比定義，則要考慮兩相比線段的方向：若 $\overline{AC}, \overline{BC}$ 同（或異）向，則 $\frac{\overline{AC}}{\overline{BC}}$ 之值為正（或負）；$\frac{\overline{AD}}{\overline{BD}}$ 之值亦然。用嚴格的交比定義，D 與 D' 要同為一點（而調和點列的交比為 -1）。線交比、圓交比亦然。

鸚鵡螺數學叢書

書　名	編著者
數學拾貝	蔡聰明
數學悠哉遊	許介彥
微積分的歷史步道	蔡聰明
從算術到代數之路—讓 x 噴出，大放光明—	蔡聰明
數學的發現趣談	蔡聰明
摺摺稱奇：初登大雅之堂的摺紙數學	洪萬生 主編
藉題發揮 得意忘形	葉東進
機運之謎 —數學家 Mark Kac 的自傳—	Mark Kac 著　蔡聰明 譯
數學放大鏡：暢談高中數學	張海潮
蘇菲的日記	Dora Musielak 著　洪萬生等譯 洪萬生 審訂
畢達哥拉斯的復仇	Arturo Sangalli 著 蔡聰明 譯
畢氏定理四千年	Eli　Maor 著　洪萬生 合譯　洪萬生 審訂
不可能的任務——公鑰密碼傳奇	沈淵源
古代天文學中的幾何方法	張海潮、沈貽婷
按圖索驥——無字的證明 1&2	蔡宗佑 著　蔡聰明 審訂

三民網路書店

會員

通關密碼：A7364

憑通關密碼

登入就送100元e-coupon。
(使用方式請參閱三民網路書店之公告)

生日快樂

生日當月送購書禮金200元。
(使用方式請參閱三民網路書店之公告)

好康多多

購書享3%～6%紅利積點。
消費滿350元超商取書免運費。
電子報通知優惠及新書訊息。

超過百萬種繁、簡體書、原文書5折起

三民網路書店 www.sanmin.com.tw